噢！原來如此

有趣的臺灣動物小學園 2

校慶啦

作者序

繼上次的漫畫書初啼，本書延續著幸福小學園的框架，這次藉由臺灣明星生物們的出場，我們能夠進一步認識更多物種的小知識，諸如小學園入夜後現身的神祕人物、孩子在課堂上認識彼此的腳腳、在課餘時間的田間散步，以及本次透過學園季的趣味競賽，也盡可能凸顯野生動物們各自的小特色。希望能讓初接觸野生動物的讀者瞭解野生動物可愛的地方。

野生動物也許比多數人想像的更加貼近生活。以都市來說，這裡就沒有野生動物嗎？麻雀、家燕長久以來是我們習以為常的鄰居，牠們在建物、騎樓間飛進飛出；原先住在山間的鳳頭蒼鷹、黑冠麻鷺也進駐了公園綠地，成為多加留意就能發現的身影；後來荒地的南亞夜鷹也入住都會區屋頂，伴著都市人進入夢鄉。近幾年，白鼻心也成為都市生態的一份子，牠們白天躲在輕鋼架屋頂或無人干擾的儲藏間，晚上會從建物縫隙之間爬出來覓食。只要附近有行道樹、果樹、雀榕等食物來源就足以讓牠飽餐一頓，支撐生活所需！野生動物成為你我的鄰居，大家是否做好心理準備了呢？

近日我恰好看見一個有趣的觀點：「並非野生動物經過馬路，而是馬路經過牠的森林。」也許大環境的改變促使某些野生動物探索與適應都市，但仍有許多生性隱密的野生動物依賴著荒野，若能時刻想起我們正經過牠的森林，就是與野生動物共存的第一步了！

當然，除了閱讀這本書，我更推薦大家往戶外走走！您一定很快就會發現，野生動物的魅力是透過在草叢間跳動、在枝條間穿梭、以飛羽劃開天空才表現得出來。透過親眼觀察，那份愛與感動難以言喻……

目錄

Contents

第三話

第四話

第五話

Contents

本書閱讀方式

漫畫內頁

閱讀方向由右至左，由上至下。

章節標題頁

章節數、章節名稱。

玉子的悄悄話

交代本章節小知識，或者進行複習。

動物小檔案

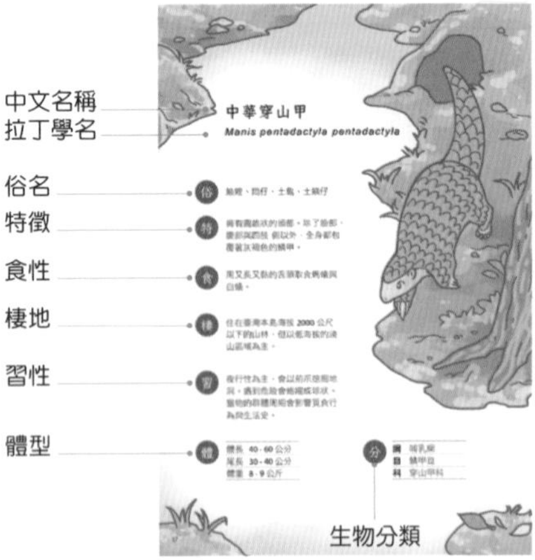

列出小動物角色的資訊。

角色關係圖

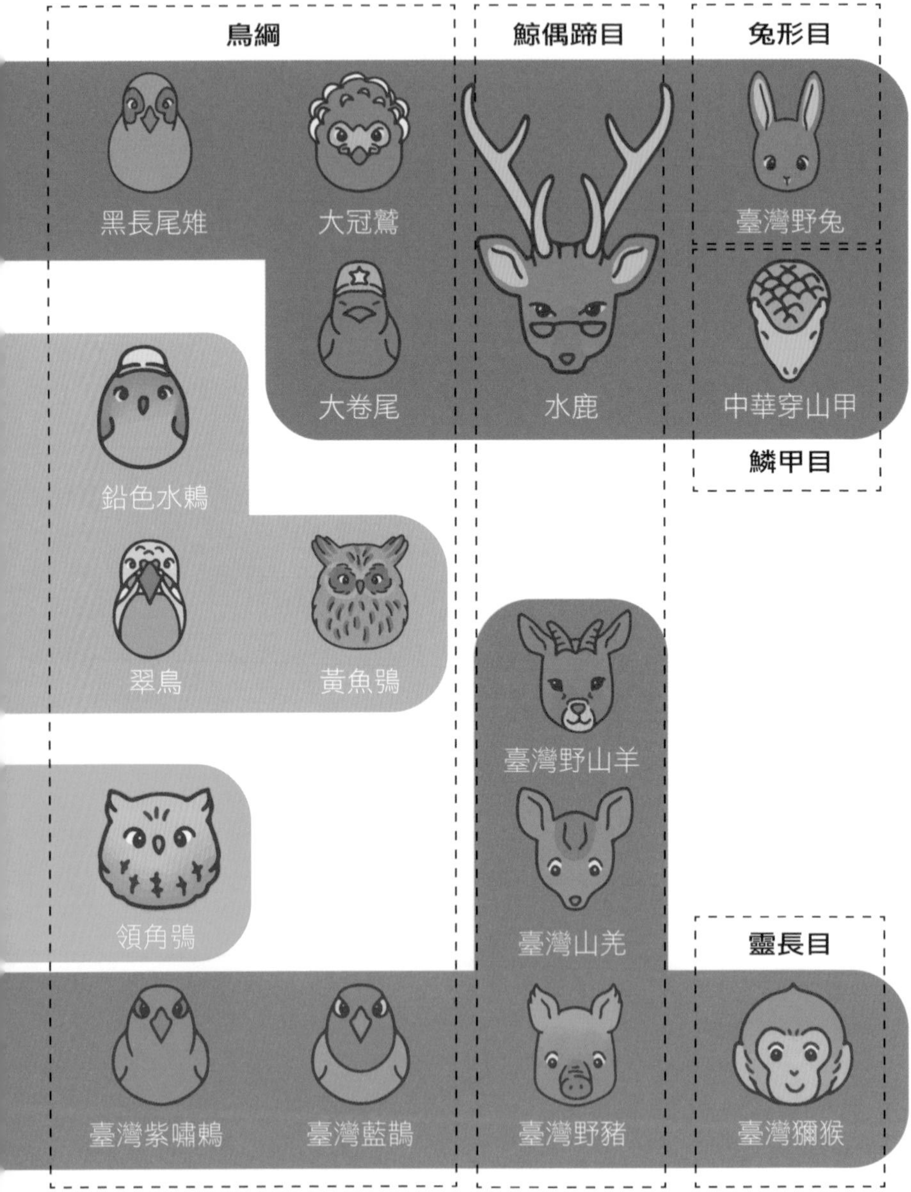
鳥綱
鯨偶蹄目
兔形目
黑長尾雉
大冠鷲
臺灣野兔
大卷尾
水鹿
中華穿山甲
鱗甲目
鉛色水鶇
翠鳥
黃魚鴞
臺灣野山羊
領角鴞
臺灣山羌
靈長目
臺灣紫嘯鶇
臺灣藍鵲
臺灣野豬
臺灣獼猴

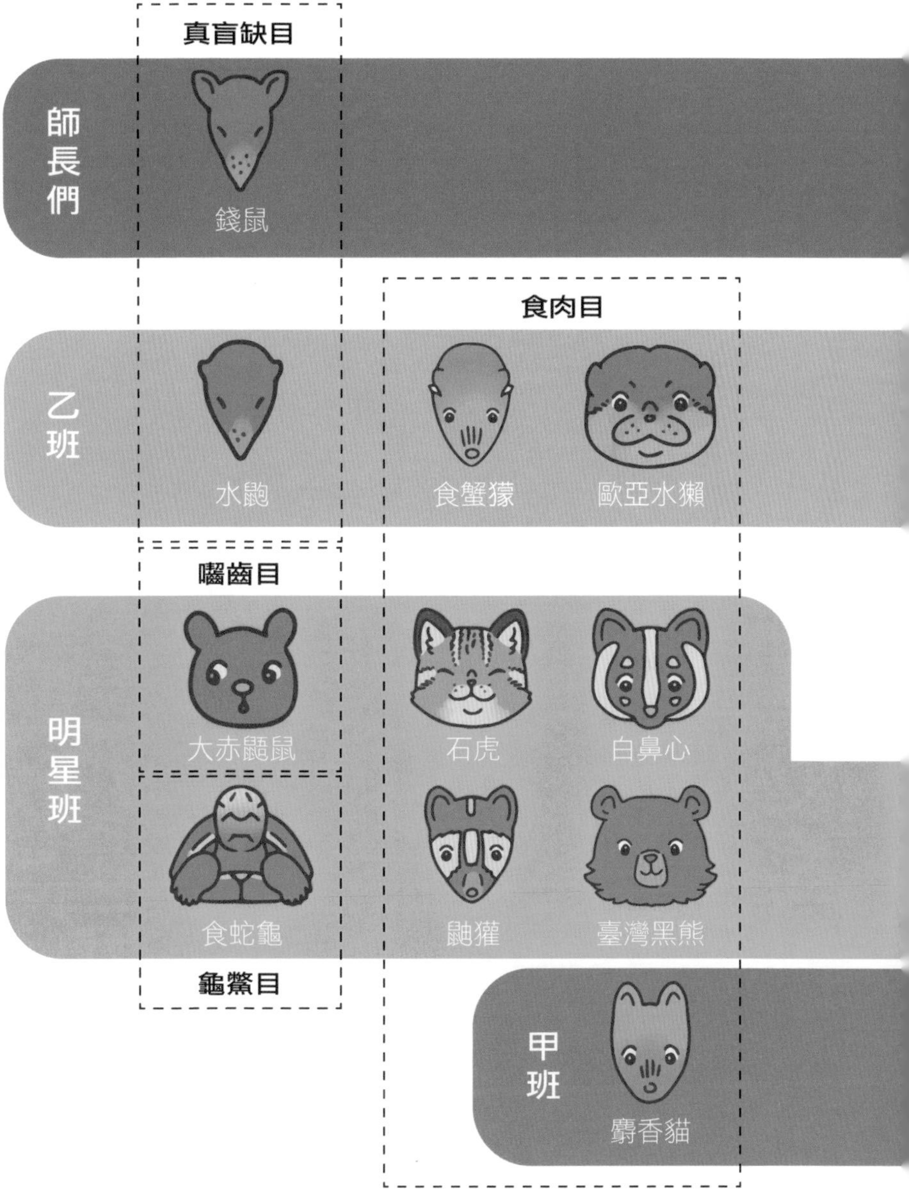
真盲缺目
師長們
錢鼠
乙班
水鼩
食肉目
食蟹獴
歐亞水獺
囓齒目
明星班
大赤鼯鼠
石虎
白鼻心
食蛇龜
鼬獾
臺灣黑熊
龜鱉目
甲班
麝香貓

假期期間
噠噠
噠噠
嗯～
這份邀請究竟要怎麼回覆好呢……
感覺是不錯的機會……但這樣小朋友還有時間讀書嗎？
小學園校長
中華穿山甲
校長好！
哎，大卷尾警衛！今天也辛苦你看守校園啦～
沒事啦！
警衛伯伯
大卷尾
啊校長怎麼一臉苦惱的樣子？

我正在苦惱下學期的活動～
校長別太操勞，身體要顧嘿！
哈～
不如待會下班去咖啡廳休息一下吧！
哇～
淺山美食街開了好多新餐廳！
咦？
看起來好好吃喔！
MENU
哎呀，這不是穿穿校長嗎？
小學園導師
臺灣野山羊
羊羊老師！
你也出來吃飯啦？

既然見面了，那不妨一起吃……
啊！
？？
我畢竟是羊羊的工作上司，難得的假日還讓牠跟我吃飯……
牠可能會很難為卻不敢講！
校長的表情也太好懂了，真可愛。
我們一起用餐吧，校長！
喔喔！是嗎？
MENU
聽說這裡的炒螞蟻很不錯呢～
校長有興趣可以試試看。
唉～
欸？校長？
MENU
其實有件事我想聽聽羊羊的想法——

有間國外學校提議讓同學們上線相互交流。
一般來說，大家會覺得這是很棒的機會吧？
但既然是國際交流，就代表孩子得運用自己的休息時間練習外文介紹，
在孩子還沒充分體驗人生、認識故鄉之前，
這樣做……
真的有意義嗎？會不會有點揠苗助長呢？
如果要介紹小學園的特色，肯定不是簡單的外語呢！
校長考慮得真細膩，很慶幸我們的校長是您。
咦？
咦——
唉唷……
別看我現在這樣，我其實很膽小。
常常想捲起來避風頭……

轉眼間，那隻抓著媽媽尾巴的小穿山甲也長大了，
甚至還當了校長。
有時回想起來感覺真不可思議……
您無時無刻不反思教育方針，這就是我們敬重您的原因。
羊羊…
其他班導師也說過，校長的前爪除了挖土之外，
還很會挖掘孩子的天賦！
哇！
我願意追隨校長的判斷，但您也不要獨自煩惱～
一起問問每個老師的想法吧！
羊羊老師！
我要點咬人貓義大利麵，校長您呢？
我要吃炒螞蟻！

中華穿山甲

Manis pentadactyla pentadactyla

俗 鯪鯉、悶仔、土龜、土鱗仔

特 擁有圓錐狀的頭部。除了臉部、腹部與四肢內側以外，全身都包覆著灰褐色的鱗甲。

食 用又長又黏的舌頭取食螞蟻與白蟻。

棲 住在臺灣本島海拔 2000 公尺以下的山林，但以低海拔的淺山區域為主。

習 夜行性為主，會以前爪挖掘地洞。遇到危險會蜷縮成球狀。獵物的群體周期會影響覓食行為與生活史。

體

體長	40～60 公分
尾長	30～40 公分
體重	8～9 公斤

分

綱	哺乳綱
目	鱗甲目
科	穿山甲科

1 小學園的朝會

喧嘩
喧嘩
羊羊老師早安！
老師！
好久不見，假期玩得開心嗎？
我們家原本要出去玩，結果都感冒了！
那真是可惜啦～
羊羊老師，我做了桑葉餅乾～
哇～
你要不要吃一個？
羊羊老師！
我這個假期第一次跟鄰居打架了！
欸！

老師，我假期去參加了相撲營～
看來大家都很充實呢！
老師呢？
老師假期做了什麼？
我……
岩壁蹭臉
邊午休邊反芻
吃吃吃…
嚼嚼
也沒做什麼特別的啦。哈哈
比起這個，我們該去操場集合了。
吼！老師！
跟我們說嘛！
小氣鬼！
來，排成一列～
♪
♫
♩
♫

來，看我這邊對齊，很棒！
嚇！
喂！我說從矮到高來排啦！
隊伍都亂了！
你最矮！
我沒有！
…
…
你才最矮！
都不要吵架了！
按名字筆劃來排！
呼～
扶額
…
跟上隊伍喔～

咦？
是「牠們」！
哇～看那邊！
丙班同學入場了！
哈囉～

丙班很厲害嗎？
什麼！你不知道嗎？
丙班的黑熊老師很有名，再加上學生人氣很高……
所以大家都暱稱牠們是「明星班」！
明星班？
沒錯。
哪位同學是明星？
唉唷~這種事情不是一看就明白了嗎？
好了喔。晚點再聊，現在要唱校歌了
無論山林或小溪♪
都有我們的生息♪

感謝日夜與四季♪
萬物生靈皆養育♪
小朋友大家早～
穿穿校長好！
太好了，大家都很有精神。
大家剛剛把校歌唱得真好！
咦……
校長我都快感動哭了……
校長，來～
唔，謝謝。
擤
那麼，我接下來要跟大家表揚一位同學——
喔？
哎？要表揚誰？

丙班的，
小虎芽同學！
嘻
哇——
是小虎芽同學！
就是牠了！
小虎芽是我們學校的大明星！
哦，仔細一看真的很可愛呢！
小虎芽請上台！
有！

小虎芽近日擔任形象大使，吸引許多目光。
藉著小虎芽的魅力，讓我們野生動物小學園備受重視。
小虎芽就像一把雨傘，
展開雙臂能為許多朋友遮風擋雨呢！
小虎芽有沒有什麼話想跟大家說？
大家早安～
我是小虎芽。
很開心我當形象大使能幫到大家，

驕傲
我會繼續加油！希望小學園越來越漂亮！
好…
好可愛喔！
好，謝謝小虎芽。
我接著要向大家公布一個好消息，
這學期有個重要的活動——
校慶！
我們會舉辦園遊會以及各種趣味競賽！
是校慶！
期待大家發揮創意、好好準備，
一同享受這個大活動！

感覺好好玩，好期待嘎！
我想玩趣味競賽！
哈哈哈
?
我們丙班擁有超優秀的同學，
每一個都很有天賦。
食蛇龜
閉閉
領角鴞
阿角
大赤鼯鼠
小紅
鼬獾
小臭
白鼻心
鼻鼻
石虎
小虎芽
我們在校慶肯定是全校第一啦！
各位同學，請互相加油，進行良性的競爭。
哇哈哈哈哈哈
老師也是～
咕嗚
石化

羊羊老師，牠們班有明星光環耶～
猴吉不用擔心喔！
競賽成績跟名氣無關。
趣味競賽是考驗各種不同的能力，
比如誰跑最快？誰跳最遠？
誰最會玩躲貓貓？
這跟明星無關，跟大家的才能有關，
而且學校每年都會換比賽項目喔！
希望會有相撲比賽。
嘿嘿
如果比相撲，小山一定超強。
小山會把大家撞飛吧
哈哈！

議論紛紛
看來大家興致勃勃！
太好了~
新學期有很多好事等著大家，
要虛心學習、開心相處喔！
校長就說到這裡——
大家散會！
啊……我還想發言請大家小心可疑的校外人士！
大卷尾警衛看任何人都覺得可疑吧……
來，跟我回教室囉！
看我這邊～

…
不知道明星班的同學好不好相處？
好好奇喔！
沒想到黑熊老師的班上竟然有小明星！
孩子們對彼此抱持著好奇心，開啟了新學期。

石虎

Prionailurus bengalensis chinensis

俗　山貓、豹貓、錢貓

特　身體布滿黑色斑點，體型與家貓相當，但跟貓不同的是，石虎擁有眼上白線與耳後白斑。

食　菜單包含鼠類、小型哺乳類、鳥類、兩棲爬行類、魚類等。

棲　目前主要分布在中臺灣淺山林地與草生地鑲嵌的環境。

習　主要為夜行性，行動靈活隱密。

體

體長 55～65 公分
尾長 27～30 公分
體重 3～6 公斤

分

綱	哺乳綱
目	食肉目
科	貓科

玉子的悄悄話

這些小細節，你注意到了嗎？

1

有些特定的野生動物更有名、更受人關注，這類野生動物我們稱之為「明星物種」。

2

透過明星物種所發展的保育行動，往往也能讓其他野生動物受益，就好像幫大家撐傘遮風擋雨，這時候明星就成了「保護傘物種」。

2 明星班的進擊

噹
噹噹
好，這堂課先上到這邊，
下課～
耶！
大家！我們去操場玩遊戲！
走呀～
哇！猴吉今天又想到什麼新遊戲？
咦？
明星班也在操場了耶！
啊？
你們好呀～

猴吉，我們可以跟明星班一起玩嗎？
哦，好主意～
我們發明了新遊戲，
要不要一起玩？
什麼遊戲？
我說明一下！這裡有六顆橡實，
我們來比賽哪班先收集到三顆，
我會把橡實放在這兩棵樹的周圍，
樹就是大家的起跑點。
我懂了，很簡單嘛！只要跑得快就贏了！
沒有那麼簡單！
欸？
我們的隊伍要分工——挑戰者收集三顆橡實，
有人負責當鬼，把敵隊的挑戰者抓出局。
蛤？
喔！挑戰者要一邊收集橡實，一邊避免被敵隊的鬼抓。
沒錯，一旦被鬼摸到就出局了！
??
不過，鬼不可以抓站在起跑點的人，
挑戰者摸著樹就安全囉！
哦～

總之哪班先集滿三顆就贏了，對吧？
沒錯！
或者誰先被敵隊的鬼抓完就輸了！
我們要玩——
讚！那我們各派兩個鬼出來。
我們班誰適合當鬼？
讓跑最快的當鬼嗎？
我們想好了。
好快！
我們決定讓會飛的同學來當鬼。
這方法不錯！
既然如此，我們班就拜託這兩位飛翔好朋友啦～
什麼？
呼……
嗚哇，人家不會飛，
人家是滑翔啦！

好喔。
橡實都擺好了，
請挑戰者和鬼各就各位！
最後說明一次——
挑戰者要盡速收集橡實，同時不能被鬼抓。
當鬼的要阻止敵隊的挑戰者。
那麼就預備——
開始！！
邁出
我的一小步是龜龜的一大步。
抓到你了，
秒殺！
站上
哇！給點機會嘛……

我們跑很快，一定可以搶得先機！
嘎嘎
嚇
躲好
鼻鼻你這傢伙！
嗯，沒關係，
趁現在小藍在追牠，我就……
嘿！
抓
震驚
哇
當鬼的同學分心了！
最快得分！
要衝趁現在！

橡實就在眼前！
小虎芽好棒！
加油～
偷偷摸摸……
嘿嘿
?!
……
哇
怎麼會？
逮到你了。
牠好可怕，竟然無聲無息的。
那當然囉，阿角可是一隻領角鴞啊！

我們明星班
很不簡單吧！
可惜小紅一直在狀況外，
我也得分囉！
噫——
你什麼時候撿的？
秘密。
啊！那邊就有一顆了。
有點緊張！
不管了！！
衝吧！
展開
欸？
啪
咻
……
認真起來還是能做到嘛！

嗚嗚
我竟然被抓了好不甘心！
淘汰區
小山同學，不要難過了，現在我們可以當觀眾啦！
嗚？
小閉好順其自然喔。
你們看，小虎芽跟鼻鼻跑很快，
小藍跟小紫光追趕就夠忙啦！
倒是另一頭的小臭就站在橡實附近，可見牠很天然呆！
哇啊小羌，橡實就在你後面啦！
咦…說好的一起看比賽呢？
！？
啊
好近的橡實！

糟糕，我追不上小羌！
完蛋！
小羌跑太快，要想辦法阻止牠……
擋
？
你們想得美！
不會讓妳們有機可趁！
嘎嘎——
可惡～
小紅撲空了！小羌展現牠走為上策的實力！
噗
咬到橡實了。
耶——
甲班順利獲得第二分！

看來甲班很興奮呢！
小閉怎麼做起實況轉播了？
牠找到被淘汰後的樂子了。
這一分沒辦法呢～
畢竟是機靈的小羌跟呆呆的小臭在競爭……
我們的下一步，是別讓猴吉又偷偷得分。
阿角，你要盯好猴吉哦！
呼！
……
被盯上了
注視
小羌我們四面楚歌……
我有個想法
……
離你們最近的橡實都被防守了，
看你們還能打什麼主意。
……
緊張兮兮

猴吉首先踏出第一步，
阿角動身了。
嘻
咦
翻
滾
滾
阿角好可愛，借我抱一下。
!?
摸
唔？
噫呀～
居然！
……

嗚哇，傷心！
可……可惡，
你們不許太得意喔！
……
欸，你們也太沒風度了吧……
等到校慶我們一定會贏的！
皺眉
欸？
我覺得跟你們玩很刺激喔！
你們是很棒的對手！
咦——
真的嗎？
我，
我也覺得這是一場精彩的比賽！

大赤鼯鼠——小紅好厲害，
一下就捉到我了！
領角鴞阿角也是，安靜飛行根本是天份呀！
欸
欸，你們……
我喜歡牠們，
下次也跟牠們一起玩嘛～
哦
既然我的同學都這麼說了，
雖然不甘心，
但我們認輸！
下次也一起玩吧！
那當然——

鼬獾

Melogale moschata

俗 臭狸仔、小豚貓、田螺狗

特 擁有黑白大花臉、粉紅色的鼻子、褐色系的粗毛，以及一條白縱線從頭頂延伸到後頸部。

食 主要透過嗅覺在森林底層挖掘蚯蚓跟雞母蟲，也取食蜥蜴、鳥類、小型囓齒類、大型昆蟲、蝸牛與植物果實。

棲 居住在平地至海拔約 2000 公尺山區，白天會在岩縫、樹穴中休息。

習 夜行性，黃昏後開始覓食。行動緩慢，不擅長跳躍。繁殖期偶見成對活動，母鼬獾育幼期巢位固定。

體

體長 33～40 公分
尾長 13.9～23 公分
體重 1～1.75 公斤

分

綱	哺乳綱
目	食肉目
科	貂科

玉子的悄悄話

這些小細節，你注意到了嗎？

1

食蛇龜有個特技，那就是能把全身收進龜甲中，因此牠又被稱為「箱龜」和「閉殼龜」。

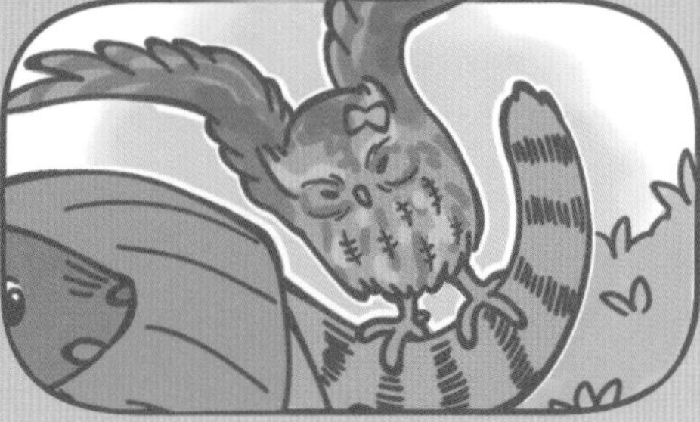

2

領角鴞真不愧是肅靜高手，平時捕獵時不被獵物聽見也至關重要呢！

3

白鼻心時常爬到樹上覓食、藏身，最近甚至常耳聞牠攀上建築圍牆、電線桿。

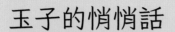

3 小動物的腳腳課

甲班
各位同學～
這堂課我們要併班一起上！
想必你們一定很好奇為什麼？
實際上，接下來的數學課和健康課內容，
我跟獴獴老師想出了跨科目結合的方式。
沒錯！而且校長也同意了，今天就來試試看！
兩個科目一起上？
咳
同學們肯定知道雞跟兔子有幾隻腳，對吧？
因為腳的數量不同，所以能設計成數學題。
什麼嘛……原來是要講「雞兔同籠」的問題呀！
兔子有4隻腳。
你說對了，但是……
雞跟兔子太簡單了，
我要幫大家換成很多腳的生物。
咦

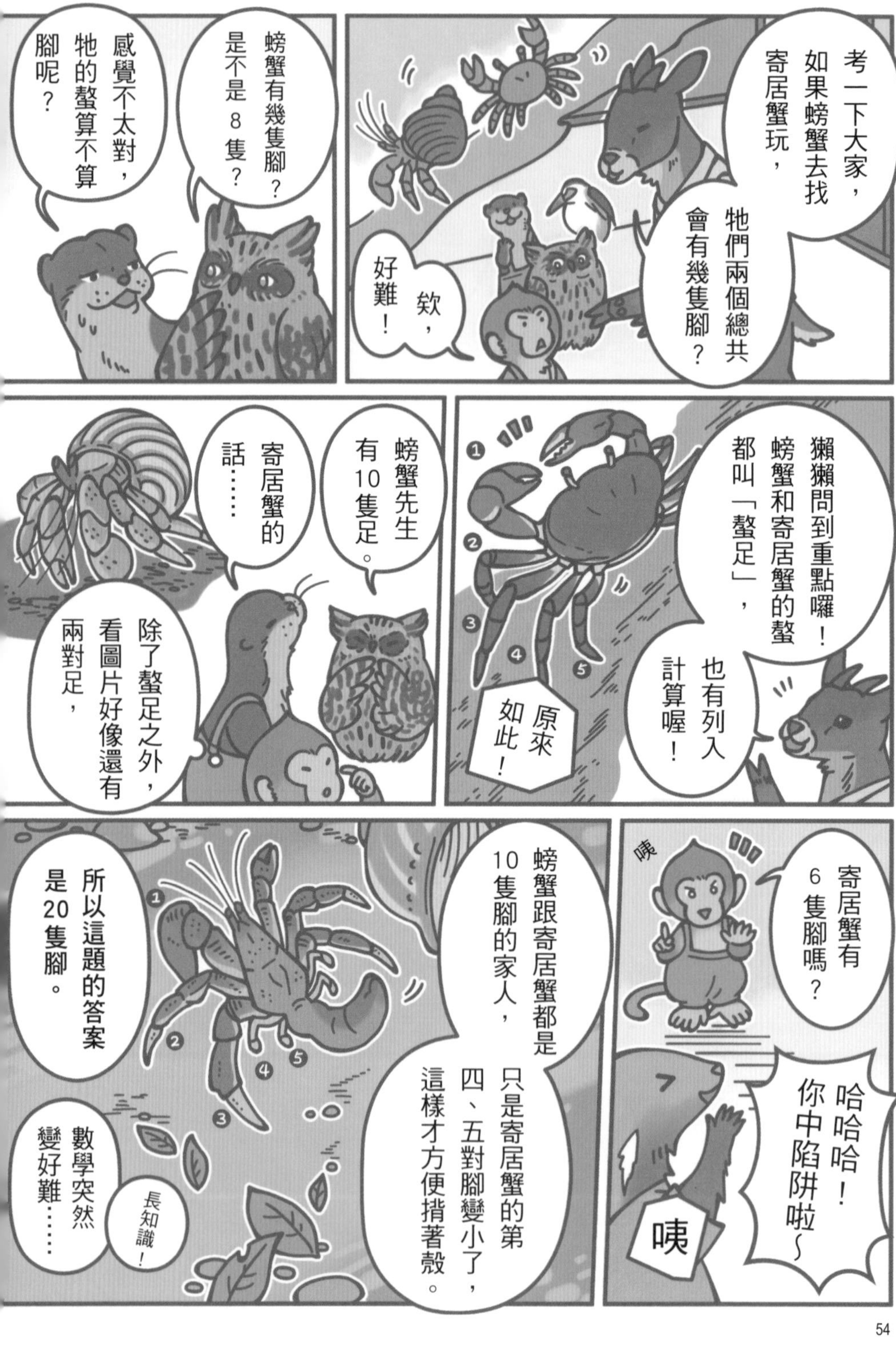
考一下大家，如果螃蟹去找寄居蟹玩，
牠們兩個總共會有幾隻腳？
欸，好難！
螃蟹有幾隻腳？是不是8隻？
感覺不太對，牠的螯算不算腳呢？
獺獺問到重點囉！螃蟹和寄居蟹的螯都叫「螯足」，
也有列入計算喔！
原來如此！
1
2
3
4
5
螃蟹先生有10隻足。
寄居蟹的話……
除了螯足之外，看圖片好像還有兩對足，
寄居蟹有6隻腳嗎？
咦
哈哈哈！你中陷阱啦～
咦
螃蟹跟寄居蟹都是10隻腳的家人，
只是寄居蟹的第四、五對腳變小了，這樣才方便揹著殼。
1
2
3
4
5
所以這題的答案是20隻腳。
數學突然變好難……
長知識！

好酷！還有下一題嗎？
別擔心，老師準備了三題。
第二題，教室裡有兩隻蜘蛛和一隻鞭蠍，請問牠們共有幾隻腳？
哦哦！我知道蜘蛛有8隻腳。
蜘蛛簡單！
什麼是鞭蠍？
就知道有的同學不認識鞭蠍，老師給你們看提示圖。
矮額
哇～
這是什麼奇特的生物？
一二三……牠有四對腳。
等一下！牠好像還有螯耶，要加上去嗎？
四對，那就是8隻腳。
嘻。
……
老師是不是又出陷阱題？
鞭蠍和蜘蛛都屬於蛛形綱，共同特色就是擁有8隻腳，
並且嘴巴有特化的器官──「觸肢」，可以用來捕捉獵物。
所以說鞭蠍的螯其實可說是嘴巴的一部分啦！
1 2 3 4
觸肢
觸肢
1 2 3 4
那個螯竟然是嘴巴？

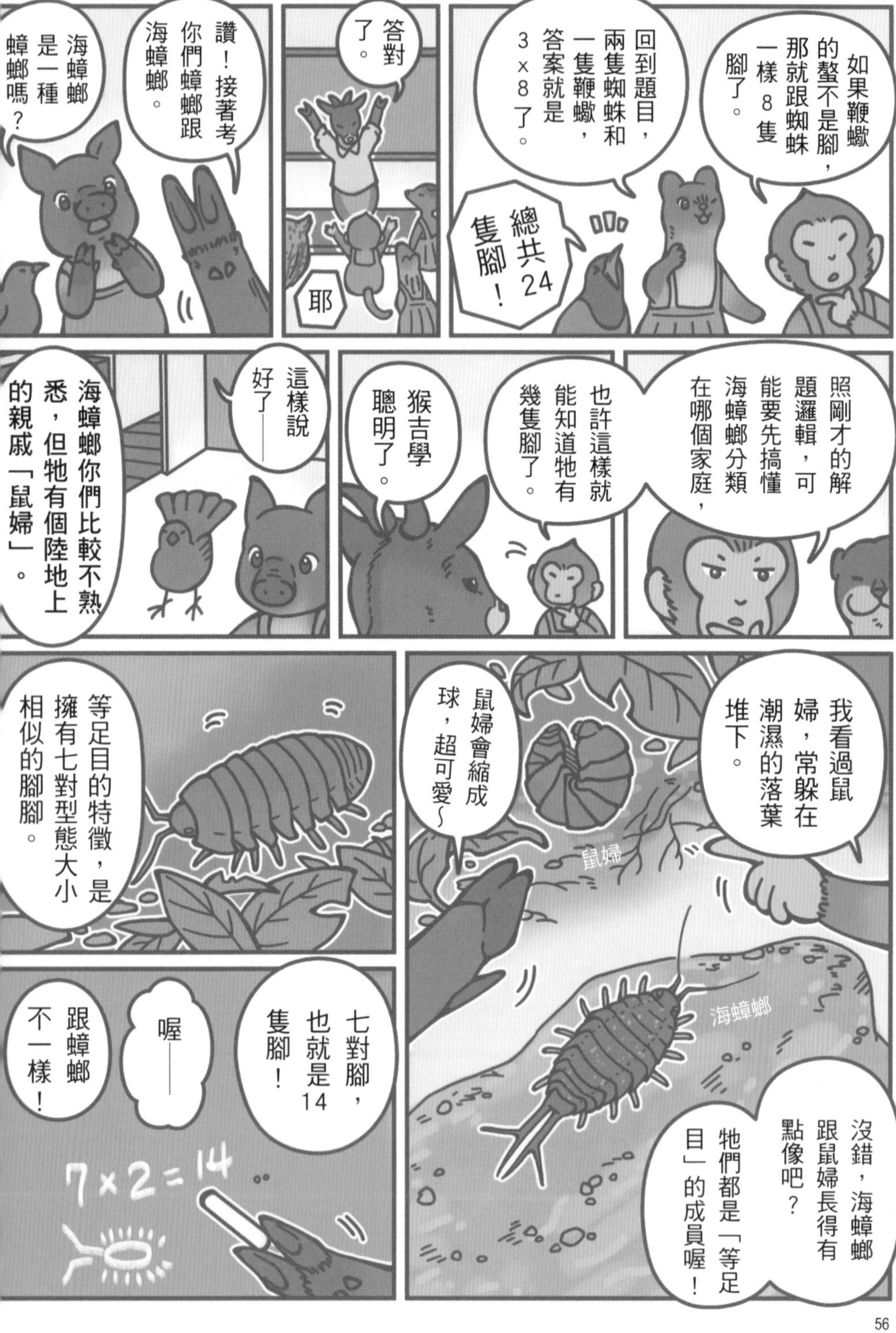

如果鞭蠍的螯不是腳，那就跟蜘蛛一樣8隻腳了。
回到題目，兩隻蜘蛛和一隻鞭蠍，答案就是3×8了。
總共24隻腳！
答對了。
耶
讚！接著考你們蟑螂跟海蟑螂。
海蟑螂是一種蟑螂嗎？
照剛才的解題邏輯，可能要先搞懂海蟑螂分類在哪個家庭，
也許這樣就能知道牠有幾隻腳了。
猴吉學聰明了。
這樣說好了——
海蟑螂你們比較不熟悉，但牠有個陸地上的親戚「鼠婦」。
我看過鼠婦，常躲在潮濕的落葉堆下。
鼠婦會縮成球，超可愛～
鼠婦
海蟑螂
沒錯，海蟑螂跟鼠婦長得有點像吧？
牠們都是「等足目」的成員喔！
等足目的特徵，是擁有七對型態大小相似的腳腳。
七對腳，也就是14隻腳！
喔——
跟蟑螂不一樣！
7×2=14

答答看，海蟑螂跟蟑螂加起來會有幾隻腳？
蟑螂6隻腳，加上14等於20。
正確。
解這些題目需要太多先備知識了吧！
數學題很簡單，但其實是在考自然。
就是這樣才好玩呀。
老師
好啦～設計這堂課是想讓同學認識腳腳的奧妙，
其實，有的生物腳數量甚至會隨時間增加喔……
你們認識「蚰蜒」嗎？
喔喔，那個超多腳的。
牠的腳會越長越多嗎？
蚰蜒很酷，剛出生的時候只有四對腳，
但是每次蛻皮，都會增加數量，
平均長到十五對才會停止。
哇……
好難想像喔，天下無奇不有。

老師暫時先不出數學題，才能介紹得更深入——
關於腳腳這件事，學問可大了，
首先請鳥同學把腳丫舉起來！
我們來觀察腳趾頭吧！
？
嘎
舉起
咦耶？黃魚鴞的腳腳好奇怪……
唔？！
怎麼會有兩趾朝後呢？
咦，原來這樣很奇怪嗎？
奇怪呀，其他鳥同學只有一趾朝後。
那我把腳趾轉回來好了。
噫呀呀呀——什麼狀況！
噗哧，就說腳腳很有學問吧！啊哈哈哈哈
老師別笑了，快解釋一下啦！
好好好～

關於鳥類的腳丫，健康課本有介紹五種「趾型」喔！
趾頭的型態——
不等趾型
對趾型
異趾型
並趾型
前趾型
最常見就是三趾朝前、一趾朝後的「不等趾型」。
但鳥腳就跟鳥喙一樣，有各式各樣的型態以利適應不同的生活。
比如「對趾型」的腳腳抓握東西很方便——
鸚鵡可以抓食物到嘴邊、
啄木鳥可以從各角度攀樹、
而貓頭鷹需要用腳爪捕捉小獵物，
所以四面抓握的腳趾很方便。
可是老師，牠現在又變正常了。
哈哈對，貓頭鷹可以旋轉調整第四趾。
嘻嘻
神奇……
老師～
那個「前趾型」看起來好酷，有誰是這樣？

這個嘛，最親切的例子可能是臺灣常見的小雨燕了。
牠們喜歡垂直攀附在牆上，這樣的腳很適合。
哇……好有趣喔！
腳腳有多種用途嘎！
老師，那我的腳腳算哪一種？
我總覺得哪裡不一樣……
翠鳥的腳的確不一樣唷！
雖然乍看很像常見的趾型，
但仔細看會發現其中有兩趾稍微合併了。
欸？
咦，也就是說，我是「並趾型」的腳嗎？
對唷！翠鳥的家庭成員常有這種腳腳。
我知道了，總之鳥類就是這四根趾頭組成各種變化！
奇形怪狀很特別吧！
但有件事要提醒你們，

那就是……並非所有的鳥都有四根腳趾。
……欸？
什麼意思？
地球上也存在三趾和兩趾的鳥呀！
蛤，是喔～
三趾型在臺灣的例子有棕三趾鶉，
外國的案例則有鴯鶓等等。
但是，最神奇的……
還是兩趾的鳥！
有這種鳥？
兩趾是什麼概念……
哦！
啊!!
是鴕鳥！
鴕鳥只有兩根腳趾！

竟然只有兩趾！這樣的腳有什麼功能？
不能握東西了吧！
你們想想，鴕鳥居住在遮蔽少的莽原上，
而且又不能飛……那遇到天敵怎麼辦？
跑！
快逃啊！
沒錯，鴕鳥是奔跑高手喔～
牠既跑得快，也跑得持久。
這唯有極致的身體特化，才可能辦到！
減少趾頭數可以消除肢體末梢的重量，
加上牠的腿肌肉密度高，奔跑便增強了鐘擺動力，助牠提高步數。
腿超壯……
我聽不懂，但感覺很厲害。
對了，其實鴕鳥還有一點很特別。
跟各位相比，牠把腳趾踮高了，跑步也就多了一個關節作為緩衝、儲備力量……
簡單形容，就像彈簧那樣吧！

原來是奔跑專用腳腳呀。
說得沒錯哈哈哈～
老師，也說說哺乳類的腳嘛。
我想聽！
哺乳類的話，
最多就是五根腳趾頭了。
哦！我最多！
此外，也有很多朋友過著「減法生活」，喪失或簡化了趾頭。
請小香跟獺獺秀出手手。
欸？好。
同樣都是食肉目的手，有些像獺獺有五趾；
有些則像小香——
拇指退到一旁，較少參與運動。
狗狗也有這種「懸趾」喔！
拇指還存在，但已經很少用到了。
至於我、小羌、小山已經不存在所謂拇指了，
甚至我們主要只會用到兩趾走路，
另外兩趾退到後方成為「懸蹄」了。

什麼！減法生活這麼流行嗎？
可以說不少見啦！
有個動物把減法生活實踐到極致，
現今腳只剩下一趾了！
什麼？
很極端對吧？猜得出是誰嗎？
這簡單，就是馬啊！
啊——真的耶！
馬只有一個蹄。
是的！馬跟鴕鳥在某些方面很像，
同樣因為住進開闊的棲地，於是奔跑成了保命方法。
演化過程中，馬的四肢著重於伸屈，而不是扭轉。
五趾融合為一，也達到了固定效果。
此外，善於奔跑的動物大致都有修長的腿，這樣可以跨出更大步——
馬跟鴕鳥也都是如此！

聽到這裡，同學們應該感受到腳腳的奧妙了吧？
我覺得鴕鳥跟馬根本就是天生飆仔！
大家的腳腳很多樣，各有特色。
我從今天起要愛護腳腳，哈～
聽到你們有這些心得，
老師實在是太感動了……
既然如此，就送你們禮物好了。
欸
什麼禮物？
數學跟健康課的作業。
健康課習題
①請畫出鸚鵡的腳
②擁有二趾的鳥是？
③請介紹自己的腳
④這堂課的心得。
數學課習題
①2隻初生蚰蜒共有幾隻腳？
②房間裡有蜘蛛與螞蟻共3隻、22隻腳。請問分別有幾隻蜘蛛和螞蟻？
老師——
拿到就可以下課囉～

翠鳥

Alcedo atthis

俗 魚狗、釣魚翁、打魚鳥

特 身體翠綠，點綴著亮藍色。腹部呈橘色。母鳥的下嘴喙有一抹紅。

食 以小魚為食，偶爾也吃蛙、小型爬行類、昆蟲。

棲 平地與低海拔的河流，溪流、湖泊和池塘，各種有小魚的淡水或鹹水棲地。

習 單獨或成對活動，時常站在水邊的凸出物上靜待獵物，鎖定之後俯衝到水裡。

體

體長 16 公分	
體重 19～40 公克	

分

綱	鳥綱
目	佛法僧目
科	翠鳥科

玉子的悄悄話

這些小細節，你注意到了嗎？

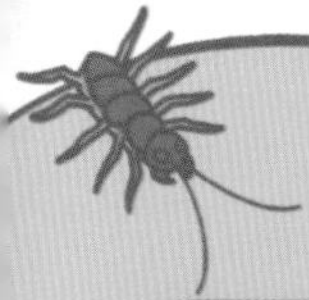

節肢動物門

昆蟲綱

一對觸角、一對複眼、三對腳。

蛛形綱

有一對觸肢、一對螯肢，和四對腳腳。

蜘蛛目　鞭蠍目

軟甲綱

十足目：一對螯足、四對步足

等足目：七對足

唇足綱

地蜈蚣目　蜈蚣目　石蜈蚣目　蚰蜒目

第一對附肢特化為毒牙

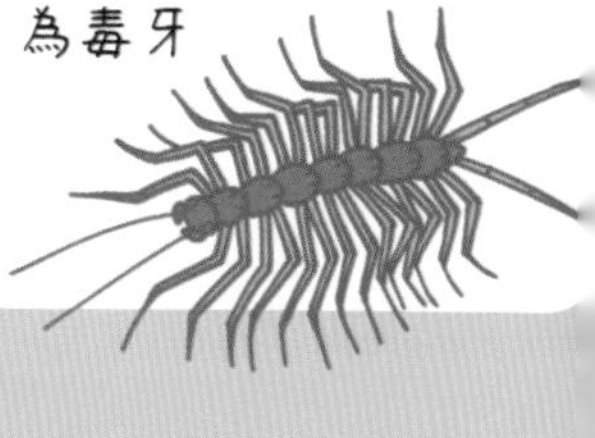

脊索動物門

鳥綱

不等趾型

對趾型

異趾型

並趾型

前趾型

三趾型

二趾型

哺乳綱

一言難盡的多樣性

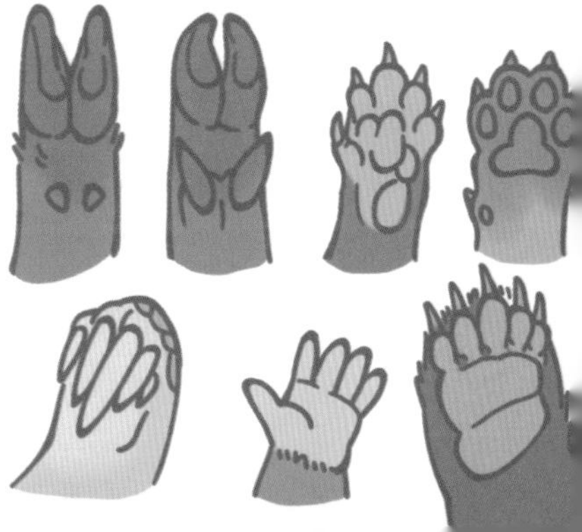

4 小學園有可疑人物！？

體育課
各位同學動起來！
在正式開始運動之前，暖身是必要的喔！
體育老師大冠鷲
扭扭關節、活動一下！
一二三四
一二三四
一二三四
老師，你看起來很胖怎麼還能當體育老師？
不要亂講！老師這是「壯碩」啦！
等老師張開翅膀飛，你可能會被迷倒喔～
畢竟我～可是臺灣數一數二大的留鳥猛禽。

號外！號外！
！
號外！
咦呀！是大卷尾！
我有事要告知各位。
咦——哦喔。
大冠鷲老師剛剛超害怕的耶……
大卷尾大哥，我們正在上課，是不是等下課再……
不可以。
咦
警衛北北，怎麼了？
發生什麼事了嗎？
抱歉打斷你們上課，
但這件事我認為非同小可，
有必要在放學前告訴大家。
是這樣的，我昨天傍晚在學校周邊巡邏……

巡邏中
嗯？
……
我總覺得校外的林子好像有什麼東西……
也許是小偷之類的可疑人士。
小偷？感覺有點危險……
北北有看清楚對方嗎？
當然我也很好奇。
所以我向林子飛去——
那裡漆黑一片很安靜。
突然間！

我的眼角瞥見一道白影！
白影？！是幽靈嗎？
好怪。
就是一抹灰灰白白的東西，而且閃過也沒有發出聲響。
沒有聲音？也太靈異！
會不會只是起霧？
可是北北說閃很快耶！
欸，應該只是可疑人士，別驚慌。
這樣講沒有比較好。
後來呢？北北有跟上去看嗎？
那當然！為了小朋友的安全，我火力全開！
雖然是一片小林子，但仔細看其實很茂密！
只要有心，壞傢伙一定能躲藏在裡面。

林子有好幾層，我其實看不太清楚，
不過，隱隱約約的，我似乎看見一對耳朵……
！
有耳朵？那應該就不是幽靈了吧。
幽靈沒有耳朵嗎？
……討厭！到底是誰這麼可疑啦！
好擔心放學的時候被壞人抓走……
好人何必躲躲藏藏？
認真想想，有耳朵的話應該是哺乳動物吧？
哦？
不然警衛北北看一下誰的耳朵比較像？
這樣也許就會有線索了！

凝望
呃
是有點像小虎芽……
哦？
但又有點不太對……
哪裡不同了？北北形容一下。
人家體育課進度落後啦！
怎麼說呢？
那位可疑人士的耳朵原本圓又短，
但隨著我靠近，就變成長又尖。
牠的耳朵形狀會變？
很詭異對吧！然而我的字典裡沒有「畏懼」！
為了孩子們，我仗義向前。

對方的安靜無聲、形體變幻固然詭異，
但謎團不只是如此而已——
我接著從樹洞方向聽見某種不可描述的聲音……
噠
噠噠
噠
那個聲音令我聯想到遠古文化儀式中敲東西的聲音。
是鏗鏘聲嗎？
是碰碰聲？
噹噹？
都不像，是更清脆的聲響。
嗯——像在敲擊細小骨頭的聲音。
剛剛不是說不可描述……
所以可疑人士發出的聲音是「噠噠」？
「喀喀」？
嗯，類似。

會不會是啄木鳥在敲木頭？
傍晚時間人家可能休息了吧？
而且牠又沒有那對尖耳朵。
還是松鼠先生在叫？
聽說牠昨天不在家耶？
越想越不明白！
而且聽完好害怕喔！
等一下放學怎麼回家？
別擔心，
雖然我還不知道對方是誰……
但警衛北北我會保護大家的！
欸
真的？
真的！我一邊跟牠打，你們記得一邊跑哦！
聽起來好崩潰！
嗚，我的體育課都下課了。

警衛說的可疑人士，究竟是什麼生物呢……
放學了，回家請小心！
我會在這裡把風的！
好緊張。
媽媽！
女兒！
把拔！
飛出
嗯？
啊
我懂了！原來是你！
啊啊啊
啊……
咦

昨天的可疑傢伙就是你嘛！
額——警衛先生好可怕……
你昨天怎麼不表明身分！
呃……啊我就怕被揍呀！
我們貓頭鷹到了白天也怕被小鳥欺負驅趕呀……
見光死
走開！
所以我們會躲得很隱密，
何況盯上我的是凶巴巴的大卷尾先生——
學生家長怕什麼啊！
我懂了，警衛看到的「耳朵」其實是領角鴞的「角羽」！
那是羽毛，而不是真正的耳朵！

許多貓頭鷹在緊張戒備的時候，
會凸顯角羽同時讓自己顯得更瘦長。
原來如此。
現在牠們好像也很緊張。
咦，既然如此，鳥類真正的耳朵在哪裡？
我們不像哺乳類擁有耳殼，我們只有「耳孔」。
沒有羽毛的時候，就可以清楚看到了。
耳孔
耳孔
其中，貓頭鷹的耳孔又很特別，
兩孔一上一下，並不是對稱的位置。
咦？為什麼呢？
頭骨示意圖
兩邊結構不同，令貓頭鷹可以根據接收聲音的時間差，
精準判斷獵物的位置。

另外，警衛說灰影沒有聲音也很合理，畢竟貓頭鷹拍翅膀是有名的安靜嘛！
可是，領角鴞怎麼會有「噠噠」的聲音？
對耶，領角鴞的叫聲是「呼」才對。
說清楚喔！這位家長！
唔，這個嘛……
「噠噠」是我用上下喙相互敲擊的聲音啦！
我們在警戒時會「擊喙」，
以此警告對方。
你真的很怕欸。
你是大卷尾耶！誰不會怕！
什麼嘛！還以為學校鬧鬼了！
謎團解開，不是靈異現象哈——
放學回家，可以安心了。
沒解開的話可能會變學校怪談。
我的體育課白白被浪費了嗎……

令大卷尾警衛想不透的可疑人士終於現身了。
牠並不是壞人，只是位學生家長。
於是一天又平安的過去了，感謝大卷尾警衛的努力。

領角鴞

Otus lettia glabripes

俗 赤足木葉鴞

特 全身灰黑色，眼睛暗紅色。

食 菜單包含昆蟲、鳥類、小型哺乳類與兩棲爬行類等。

棲 居住在平地到海拔 1300 公尺的山區與都會公園、校園，是生活範圍最接近人類的臺灣原生貓頭鷹。

習 夜習性，白天藏身在枝葉茂密之處。

體

體長 23～25 公分	
體重 100～170 公克	

分

綱	鳥綱
目	鴞形目
科	鴟鴞科

玉子的悄悄話

這些小細節，你注意到了嗎？

1

夜裡的猛禽一到白天就不威風了，時常還會被白天的小鳥叫囂驅趕。

2

覺得緊張的時候，領角鴞會敲擊上下喙，發出噠噠聲。

3

雖然有一對可愛的「貓耳」，但貓頭鷹的耳孔其實埋藏在羽毛底下，而且沒有對稱喔！

5 來農田走走！

噹
噹噹
耶！下課了！
終於到週末了～要去哪裡玩好呢？
猴吉、小山，
我邀了班上的同學來我家玩，你們要不要也一起來？
我家附近有一些農地，可以讓大家在那邊玩耍喔！
農地……是指人類種作物的地方嗎？
聽起來有點酷，沒去過。
我也想去附近走走看看。
來呀！
那就說好囉！明天不見不散。

歡迎你們，這是我家旁邊的農地！
哦！有好多種作物。
還有果樹——
圍欄外面就是森林了，感覺很容易不小心就晃進來。
對呀，這裡的環境有點像淺山森林的延伸。
來跟我的鄰居們打聲招呼吧！
牠們都是農地常見居民。
臺灣竹雞
臺灣鼴鼠
麻雀
黑眶蟾蜍
斑文鳥

！
喔不！有石虎！
大夥們快逃啊！
……
你平常都對牠們做了什麼？
既然鄰居都跑了，那來參觀我的生活吧……
我是日夜顛倒的夜貓族，晚上會在樹上尋找一些果實吃。
到了白天也會睡在樹上。
跟我一樣是樹木愛好者呢！
對啊！爬高高！
話說，之前提到要去農地玩，
我還以為是那種水很多的田，跟這裡不一樣。
小羌說的是「水田」啦！水田會種很需要水的作物，像是水稻跟茭白筍，
而這些作物不用那麼多水，種在「旱田」就行了。

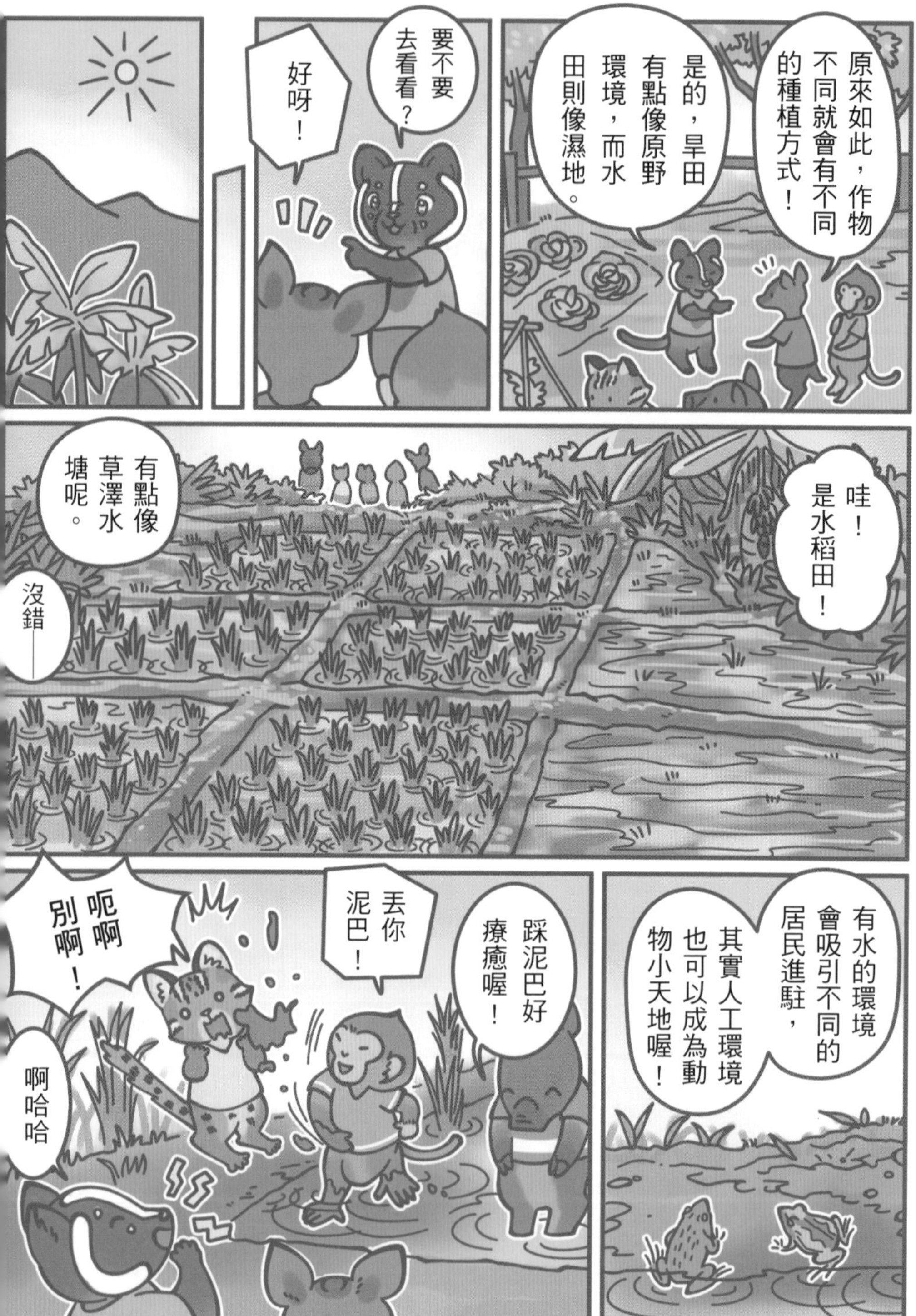
原來如此，作物不同就會有不同的種植方式！
是的，旱田有點像原野環境，而水田則像濕地。
要不要去看看？
好呀！
哇！是水稻田！
有點像草澤水塘呢。
沒錯——
有水的環境會吸引不同的居民進駐，
其實人工環境也可以成為動物小天地喔！
踩泥巴好療癒喔！
丟你泥巴！
呃啊別啊！
啊哈哈

水裡還有田螺耶！獴獴老師應該會喜歡這裡。
牠的確喜歡，水田是很多動物的心頭好！
這塊田使用生態友善農法，沒有被汙染。
仔細看會發現很多居民喔——
柴棺龜
印度大田鱉
中華鱉
唐水蛇
高體鰟鮍
七星鱧
田蚌
真的耶！好豐富！
這些都是早年水田的常駐居民，但隨著農藥普及，牠們的處境也就岌岌可危了。
對年長的人類來說，這是童年景象吧？
小朋友們，你們在聊什麼呀？
啊！

紅冠水雞先生！
紅冠水雞
跟大家介紹，
這位是水田常客「紅冠水雞」先生。
紅冠水雞是鴨還是雞？
鹹水雞？
沒禮貌！
咳咳 我是一種秧雞科的水鳥啦。
水鳥……就像鴨子這樣嘛！
你對水鳥的認識太淺薄囉。
「水鳥」就是在水上或水邊生活的鳥類，其中包含了許多類群——
會出現在水田的，有「雁鴨科」鳥類、
有脖子長長的「鷺科」、
有我們「秧雞科」，
還有那些奔走在泥灘地的「鷸科」和「鴴科」等等……

那些是鷸跟鴴嗎？好小好可愛！
以前似乎沒注意過耶……
你只是沒有特別留意而已，鷸鴴類通常也不是艷麗奪目。
牠們邊走邊吃，好像不太游泳耶。
東方環頸鴴
黑腹濱鷸
誰說水鳥住水邊就一定要會游泳？
像鷸鴴類大多不游泳，要是水太深就不方便覓食了。
OH NO!
哦……
那牠們可能不喜歡游泳池。
總之，別小看鳥兒的多樣性，我們的棲所包羅萬象！
湖泊、
草澤、
潟湖、
濕地、
河口、
鹽田、
魚塭、
河岸、
水田……
很多種。
我們的習性、食性、隱蔽性不一樣，
因此需要不同類型的家園棲所。

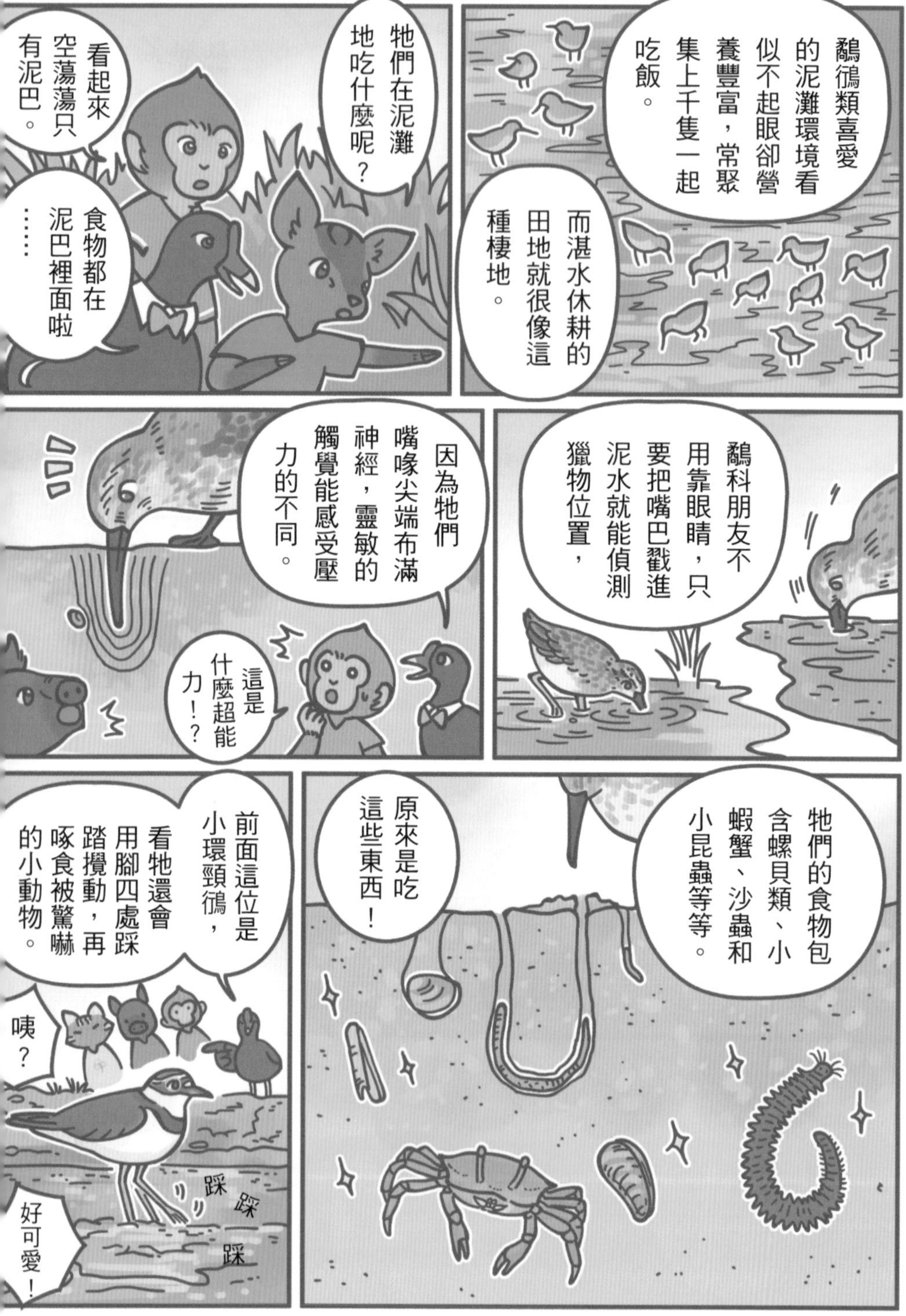
鷸鴴類喜愛的泥灘環境看似不起眼卻營養豐富，常聚集上千隻一起吃飯。
而湛水休耕的田地就很像這種棲地。
牠們在泥灘地吃什麼呢？
看起來空蕩蕩只有泥巴。
食物都在泥巴裡面啦……
鷸科朋友不用靠眼睛，只要把嘴巴戳進泥水就能偵測獵物位置，
因為牠們嘴喙尖端布滿神經，靈敏的觸覺能感受壓力的不同。
這是什麼超能力！？
牠們的食物包含螺貝類、小蝦蟹、沙蟲和小昆蟲等等。
原來是吃這些東西！
前面這位是小環頸鴴，看牠還會用腳四處踩踏攪動，再啄食被驚嚇的小動物。
咦？
踩
踩
踩
好可愛！

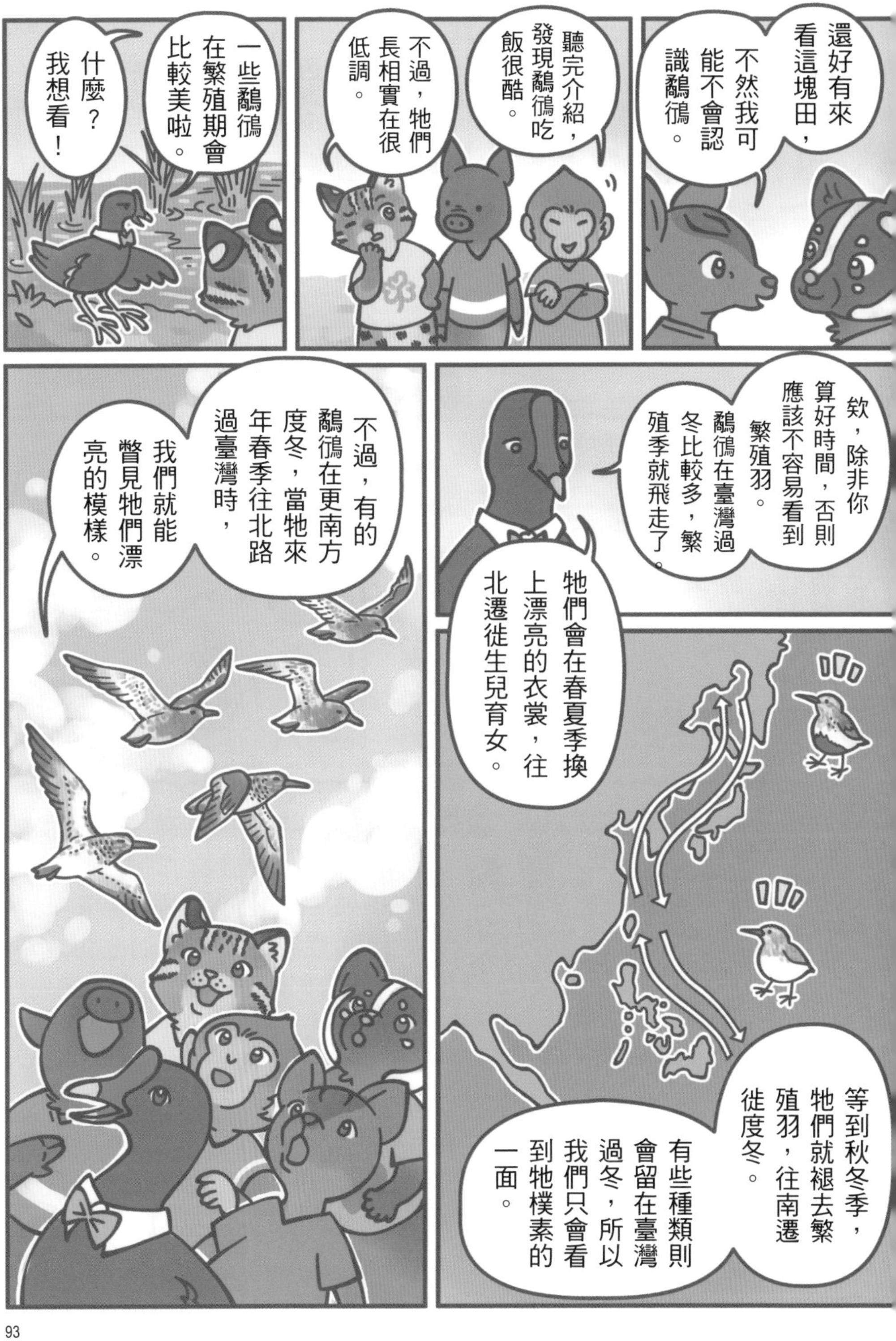
還好有來看這塊田，
不然我可能不會認識鷸鴴。
聽完介紹，發現鷸鴴吃飯很酷。
不過，牠們長相實在很低調。
一些鷸鴴在繁殖期會比較美啦。
什麼？我想看！
欸，除非你算好時間，否則應該不容易看到繁殖羽。
鷸鴴在臺灣過冬比較多，繁殖季就飛走了。
牠們會在春夏季換上漂亮的衣裳，往北遷徙生兒育女。
等到秋冬季，牠們就褪去繁殖羽，往南遷徙度冬。
有些種類則會留在臺灣過冬，所以我們只會看到牠樸素的一面。
不過，有的鷸鴴在更南方度冬，當牠來年春季往北路過臺灣時，
我們就能瞥見牠們漂亮的模樣。

所以說，鷸鴴大多是來來去去的鳥，不是每次來都看得到囉？
因為遷徙的關係，所以是季節限定的鳥鳥。
換句話說，這塊田能造福牠們的時間有限，
整條遷徙線上都要有健康棲地才行。
棲地拼圖缺一不可！
聽起來有點危險，要是途中少一個休息站就糟了。
直接在路上餓壞……
所以說遷徙線上每塊泥灘濕地都很重要！
就算是休耕田和放乾魚塭也都是寶物。
低水位泥灘地
我懂了，泥灘地雖然不起眼卻很珍貴。
嗚嗚
可愛的鷸鴴水鳥，你們要堅強！我現在知道泥灘地不是廢空地了！
什麼？
沒禮貌！本來就不廢。
唔？
喂！
這是我家耶！

謝謝紅冠水雞先生，你讓我們看到水田的另一面。
水田不只是種稻子而已，還是許多水鳥的家！
……
你們知道我為什麼最喜歡這塊田嗎？
有很多鳥朋友？
不是。
沒有用農藥？
也不算。
這塊田「有雞」？
……
我喜歡這塊田，是因為農夫留了這一叢草——
咦？！
為什麼？
不亂用農藥很重要，但要成為理想家園這還不夠。
留一些草叢藏身，我才有安全感嘛！

不同種水鳥需要的不一樣。
這塊地恰好滿足許多條件，超棒的。
這些條件要特別經營才會有吧！
人類跟動物共存的感覺真美好。
話說，紅冠水雞先生你進去就不出來囉？
這個嘛……
我認為大夥都該躲起來了。
你們看那邊——
？
咦
是遊隼！
咦啊啊啊快溜啊！
保命優先！
有猛禽，生態真好。
水鳥都跑光光了。
泥灘地又空了。

這天，小動物們踏訪了農地。
沒想到不起眼的耕地竟養育著眾多生物，
農地的學問很多，不同作物有不同耕作方式，
也造就不同的生物棲地。
人類想跟小動物共存的心，透過田地傳遞出去，
在對的時機、對的環境下，小動物也會回應這份感情。

白鼻心

Paguma larvata taivana

俗 果子狸、白面狸、烏腳香、花面狸

特 鼻樑上有一道白線、四肢粗短又黑、體態圓圓胖胖。

食 雜食性，偏好果實但偶爾會吃小型哺乳類、鳥類、昆蟲等。

棲 臺灣亞種主要住在海拔 2700 公尺以下的闊葉林，也相對能夠適應有人干擾的環境（諸如郊區與農耕地）。

習 夜行性，擅長攀樹吃果實。

體

體長 50 公分	
尾長 35 公分	
體重 3.5～5 公斤	

分

綱	哺乳綱
目	食肉目
科	靈貓科

玉子的悄悄話

這些小細節，你注意到了嗎？

6 小學園的晚自習夜生活

晚自習混班時間
猴吉，你的功課寫好了嗎？
哦……
小山，我不想寫功課啦！
……
這個時間讓我好想睡覺。
你看，
晚自習時間
連獴獴老師都忍不住打瞌睡了……
既然如此，要不要趁機出去探險？
轉頭
咦
這樣……
不好吧……
哇哈哈哈！
你看，夜行性的同學都一副很想出去的樣子。
喂！

這時間還想玩，你們真不愧是夜貓族。
其實我精神也不錯。
嘻嘻～
我真不懂你們，怎麼白天夜晚都會活動。
並不是每種動物都是標準的日行性或夜行性呀！
有些朋友日夜都會活動，
有時候是食物少要找很久，
有時候只是挑一個避人耳目的時段出來活動，
還有一些朋友選在黃昏和清晨這種微光時刻活動……
總而言之，我們想出去玩。你跟不跟呀？
咦……
真是的，烏漆墨黑有什麼好玩的啦——
你覺得黑？我不覺得耶！

我的瞳孔在光線少的時候會放大，好讓我看清楚。
果然是夜貓子。
咦？臭臭在做什麼？
欸？啊，我在找吃的。
肚子餓了，
只要把長長的鼻子拱進土中，我就會聞到食物了。
登愣！
哇
我平常就是這樣找吃的。
你用鼻子拱地的樣子跟我好像耶！
我拱！
哇呀！
人家力氣沒有這麼大啦，
咦，是嗎？
我喜歡拱土找一些蚯蚓、雞母蟲來吃。
扶額
但我不挑食，各種果實或死掉的肉肉也吃。

你的動作這麼慢，感覺很容易遇到壞人……
欸？
歪頭
沒有自覺嗎？也太憨呆可愛。
鼬獾主要都在地面覓食，但我們不一樣。
你在哪裡覓食？
我是隻白鼻心，牠是大赤鼯鼠
我們都喜歡在樹上覓食！
烏腳和小紅爬好高，好厲害！
哼，爬樹我也會呀！
我愛吃的東西都在樹上。最愛的是果實，其次是種子、嫩葉、小蟲、小鳥、鼠類等等……
我是雜食偏食果性。
咦？烏腳你會吃鼠類是什麼意思？

我偶爾也會攀樹，但牠們倆是真的爬樹高手。
白鼻心腳底肉墊很適應爬樹生活。
害羞……
我覺得小紅的技能比較帥啦！
哦，我知道！之前玩遊戲有看到。
小紅的法寶是「滑翔」！
明明不是鳥，沒有羽毛如何辦到的？
我們哺乳類不會長出羽毛，
但是皮膚可以延伸一片膜，
就形成「翼膜」了。

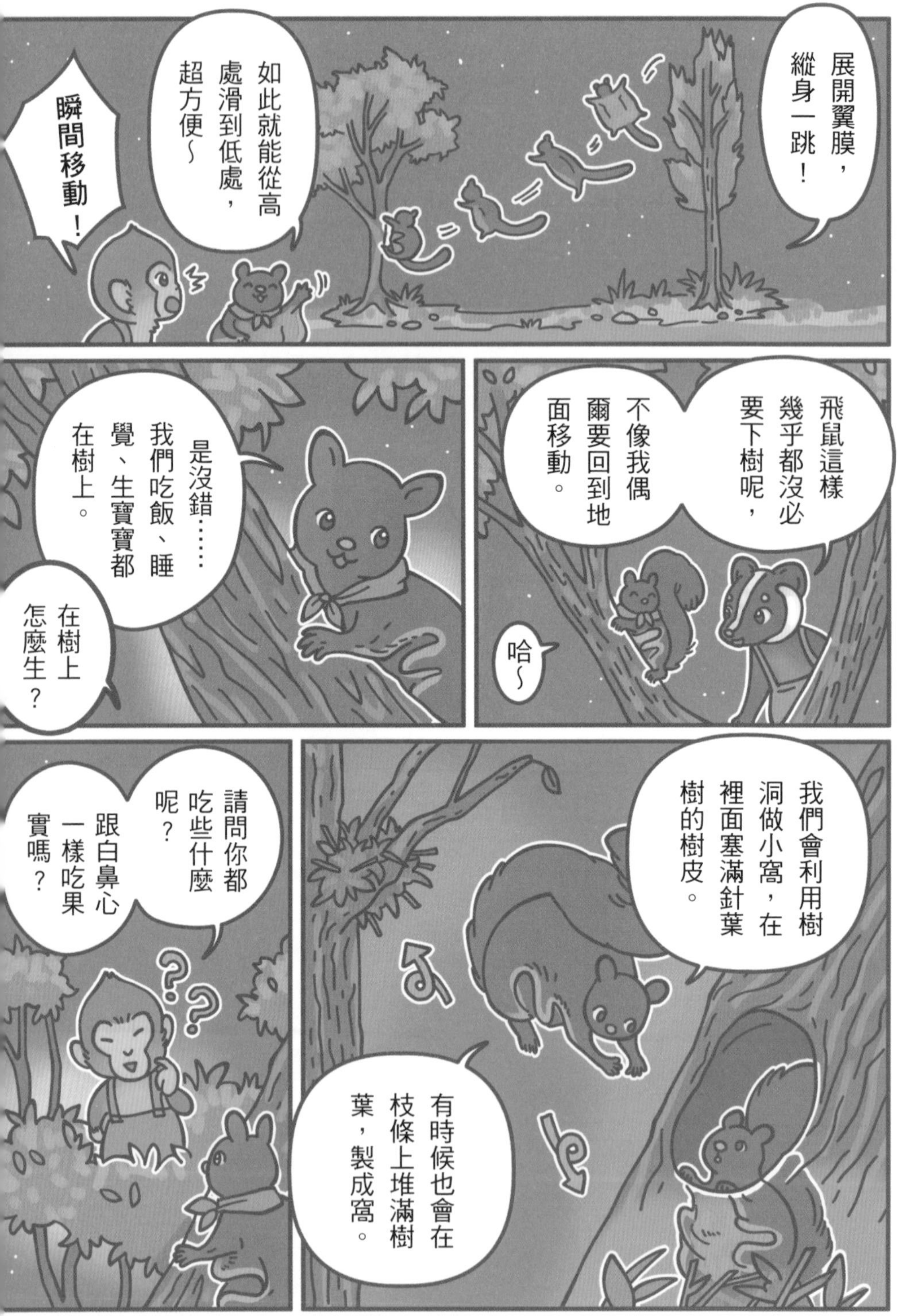
展開翼膜，縱身一跳！
如此就能從高處滑到低處，超方便～
瞬間移動！
飛鼠這樣幾乎都沒必要下樹呢，不像我偶爾要回到地面移動。
哈～
是沒錯……我們吃飯、睡覺、生寶寶都在樹上。
在樹上怎麼生？
我們會利用樹洞做小窩，在裡面塞滿針葉樹的樹皮。
有時候也會在枝條上堆滿樹葉，製成窩。
請問你都吃些什麼呢？
跟白鼻心一樣吃果實嗎？

我愛吃的東西很多，主要是各種葉子和花苞，
其他季節還包含堅果和果實，
偶爾吃少量的昆蟲……
聽得我都餓了。
能吃就是福？
對了，我想到一件事，
你其實不應該叫做飛鼠，
你明明不會飛，而是滑翔呀！
你應該叫「滑鼠」。
咦？
不要，聽起來好奇怪！
哈哈哈哈哈哈
說到真正會飛的哺乳動物，
也只有一類生物做得到了。

那就是「夜色的使者」，
蝙蝠們！
蝙蝠們拍動翅膀產生動力，真正飛翔了起來。
超級了不起。
蝙蝠先生！
哇
降落
你們叫我？
這個時間你們怎麼在這裡？
還沒有放學嗎？

現在是晚自習時間啦！
原來如此，真令人懷念。
我小時候都在晚自習寫作業。
「小時候」？
你的意思是，你不是小朋友了？
別看我這麼小，我早就是一隻獨當一面的蝙蝠了！
我們東亞家蝠就只會長這麼大。
原來你是東亞家蝠。
蝙蝠有很多種嗎？
呵呵，臺灣的蝙蝠有超多種的！
到二〇二一年為止，臺灣已經確定有38種蝙蝠了喔！
竟然這麼多？我都不知道！
我們對蝙蝠太陌生了。
所以臺灣種類最多的哺乳動物，就是我們啦——

仔細一看，蝙蝠先生好可愛喔～
好像小老鼠！
哈哈哈會飛的老鼠！
咦？你的眼睛好小喔！
這樣能在黑夜中看清楚嗎？
我的小眼睛視力不算差，
但是覓食和探測環境時，我會有另一個方式——
我們會從喉嚨製造超音波，
從口鼻發出，
當音波碰到物體彈回來，我就知道環境長怎樣了！
原來我們用眼睛「看」，而蝙蝠用音波來「聽」！
好酷，蝙蝠在黑夜建構一個立體風景。

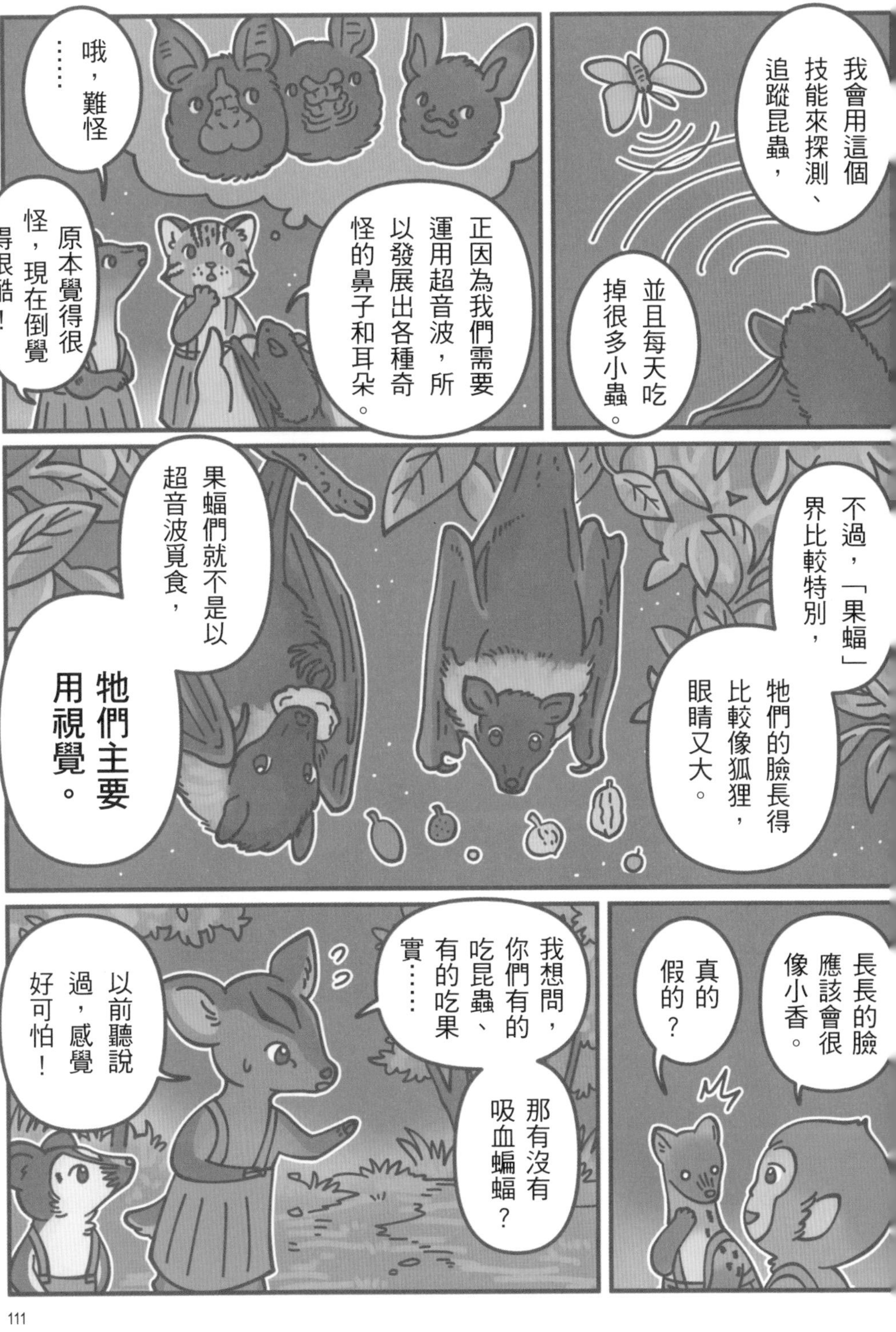
我會用這個技能來探測、追蹤昆蟲，
並且每天吃掉很多小蟲。
正因為我們需要運用超音波，所以發展出各種奇怪的鼻子和耳朵。
哦，難怪……
原本覺得很怪，現在倒覺得很酷！
不過，「果蝠」界比較特別，
牠們的臉長得比較像狐狸，眼睛又大。
果蝠們就不是以超音波覓食，
牠們主要用視覺。
長長的臉應該會很像小香。
真的假的？
我想問，你們有的吃昆蟲、有的吃果實……
那有沒有吸血蝙蝠？
以前聽說過，感覺好可怕！

呃……全世界的蝙蝠超過一千種，會舔拭血液的也才3種，
而且牠們只住在中南美洲。
一般的蝙蝠都不會主動靠近你們啦！
吸血蝠
看來不如傳言可怕，哈哈。
你們對我是否有很多誤解？
順帶一提，有些人認為蝙蝠身上帶特別多病毒，
因而對我們很不友善……
事實上，臺灣蝙蝠身上目前沒有發現人畜共通的病毒株，
只要是動物都會帶某些病原啦！
重點是要保持社交距離，不能亂摸。
咦！
好啦，不聊了！
我的行程很滿，必須吃很多昆蟲才會有體力，
先走囉！

喂——
你們這群壞小孩！
咦？
怎麼可以偷溜出教室，好歹跟老師討論一下啊！
這一天的晚自習時間，小動物分享彼此的「夜生活」。
給我站住！
哇！快逃啊！
即使到了晚上，牠們也過得非常精采！

大赤鼯鼠

Petaurista philippensis grandis

俗 x

特 頭大又圓，全身紅褐色夾雜黑毛。四肢連接著飛膜。

食 喜好取食植物之嫩葉、嫩芽、種籽及果實。

棲 全島海拔 100 至 2600 公尺的闊葉林及混生林為主。

習 夜行性動物，白天藏身樹洞中，傍晚才開始活動覓食。常沿著樹幹攀爬、在林間滑翔、活動覓食。

體

體長 45～50 公分
尾長 46～49 公分
體重 1.2～1.4 公斤

分

綱	哺乳綱
目	囓齒目
科	松鼠科

玉子的悄悄話

這些小細節，你注意到了嗎？

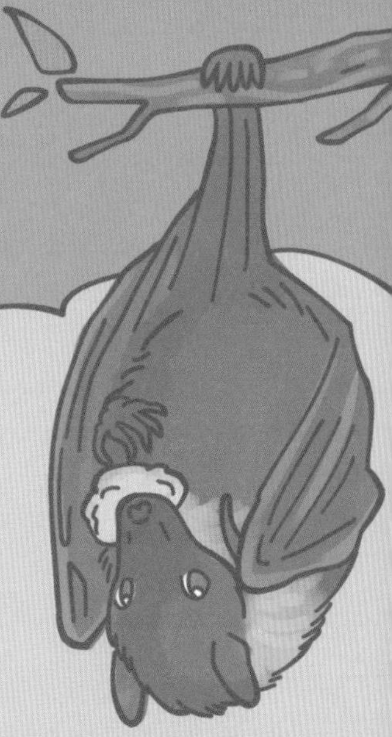

1

不要小看低調神祕的蝙蝠喔！食蟲性蝙蝠每年捕捉大量昆蟲，這其中包含了農業害蟲，因此蝙蝠默默為農人省下大筆開銷！而食果性蝙蝠則在進食的同時，為植物授粉、傳播種子，成了不可或缺的生態角色。

2

蝙蝠的翅膀是由翼膜包覆「手掌」而成，仔細看還能數出五根手指頭。

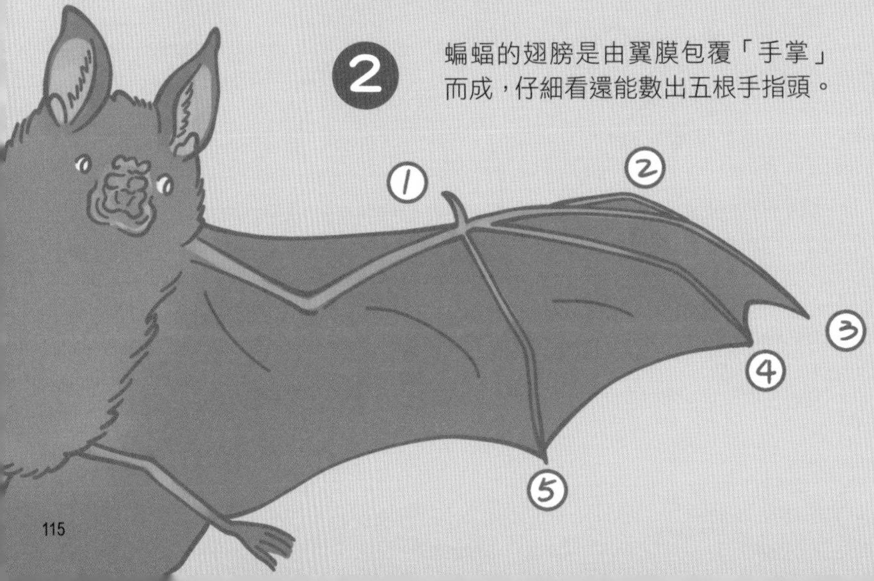

7 小學園的校慶（上）

同學們，請聽我這邊——
嘎嘎
老師要講話了！
喔。
你們應該知道下週就要舉行校慶了，
大家可以開始準備囉！
老師，校慶是什麼活動？
校慶會有各種趣味競賽，
還可以舉辦園遊會呀！
園遊會的話，每個班級得推出一個攤位，
大家有什麼想賣的嗎？

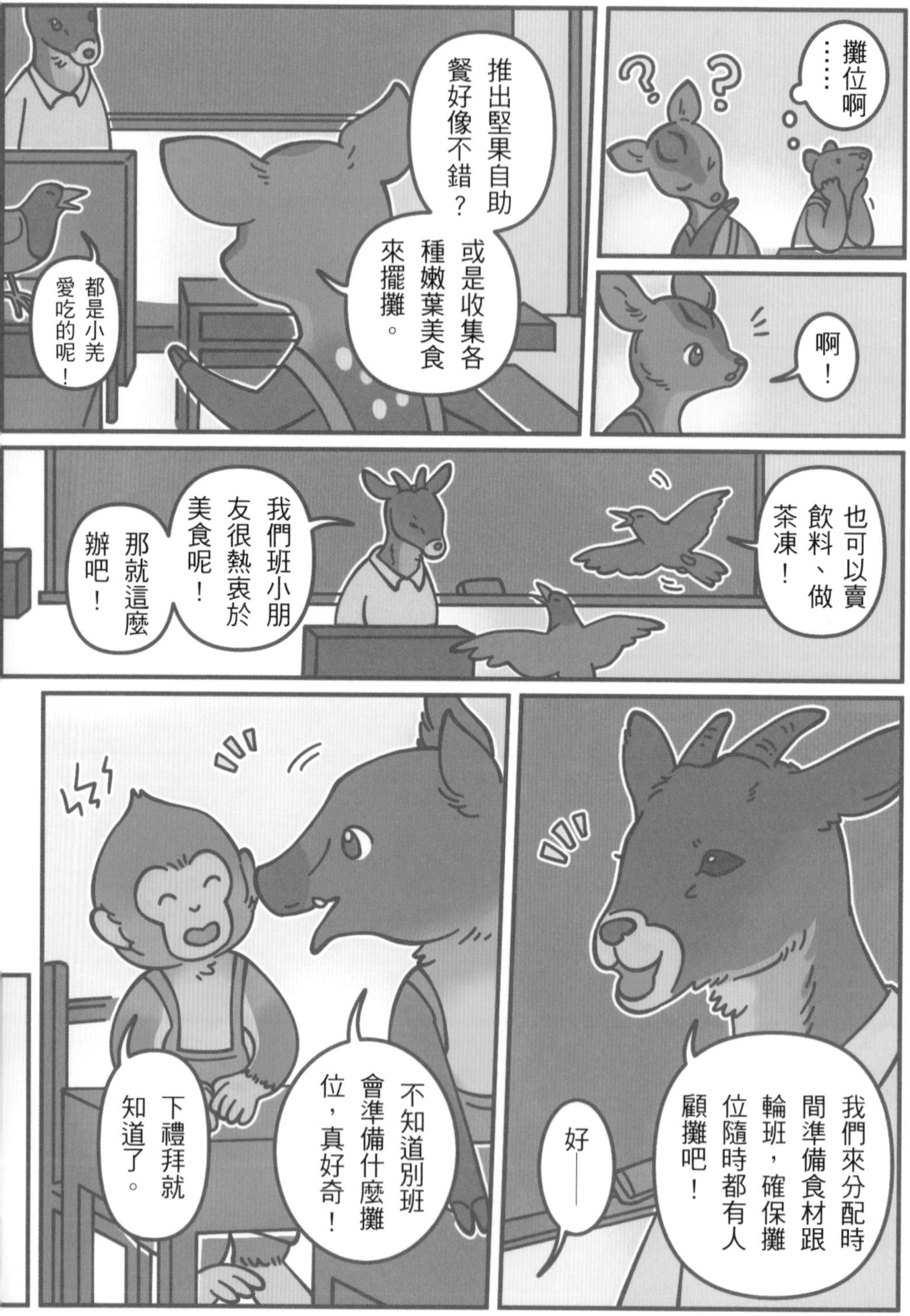
攤位啊……
啊！
推出堅果自助餐好像不錯？
或是收集各種嫩葉美食來擺攤。
都是小羌愛吃的呢！
也可以賣飲料、做茶凍！
我們班小朋友很熱衷於美食呢！
那就這麼辦吧！
我們來分配時間準備食材跟輪班，確保攤位隨時都有人顧攤吧！
好——
不知道別班會準備什麼攤位，真好奇！
下禮拜就知道了。

很快的，
小動物們期待的校慶到來。
歡迎各位鄉親朋友的來訪！我先跟大家介紹一下活動。
校方準備了許多趣味競賽，表現優異的參賽者將獲得一枚園遊金幣，
各位可以將金幣拿去園遊會消費，請大家一起共襄盛舉！

主任也一起玩吧！
咦，我是想玩沒錯，但是……
轉頭
別擔心啦！放開來玩！
臉紅
所以你們班攤位在做什麼？
我們攤位可以玩套圈圈遊戲，要不要來玩？
我以為你們會做溪流的水生昆蟲。
原本是這樣想，但鉛色水鶇太貪吃了。
唉，別講出來啦！
後來我們就抓魚當作套圈圈的贈禮。
這是我跟黃魚鴞抓的！
這些是翠鳥的。
看得出來……

揮揮揮、揮衣～
大家看過來！
第一場趣味競賽「跳遠比一比」即將開始，
規則很簡單，就是看誰一步跳最遠。
請有意願的朋友排成一列！
跳遠比賽！
藍腹鷴先生，你也來玩啦？
對呀！難得校慶嘛！
第一位藍腹鷴先生！你有沒有自信？
有！我很常跳跳跳。
那就請站在這條線後——
我準備好了！
「預備備」……

嘿！
哇！
看！
這是我的求偶舞！
這位先生，只能跳一步啦！
輪到黑長尾雉主任了，加油！
嘿咻
啊！謝謝稱讚……
！
前面的朋友，你有一股香香的味道！
咦咦咦
香香的──
是我的天敵黃喉貂！

冷靜冷靜！牠應該只是來比賽的！
來，換小羌囉！
預備……
我跳完就順勢逃跑！
咦？怎麼直接飛奔了？
換我了
黃喉貂選手很棒喔！
我跳！
不過小羌跳比較遠，哈哈哈！
……
哇！體型大又健壯的水鹿老師創下新紀錄。
嘿嘿！誰與我爭鋒！
嘩！
究竟有沒有人能打破紀錄呢？

終於換我了，
我要加油！
一二——跳！
欸
落地
……
老師，小紅這樣做可以嗎？
那我也要用飛的！
小紅牠……也不算是在飛啦！
我認為應該算在跳遠的範疇！
蛤？
冷靜冷靜。
耶呼～
拍手
鼓掌

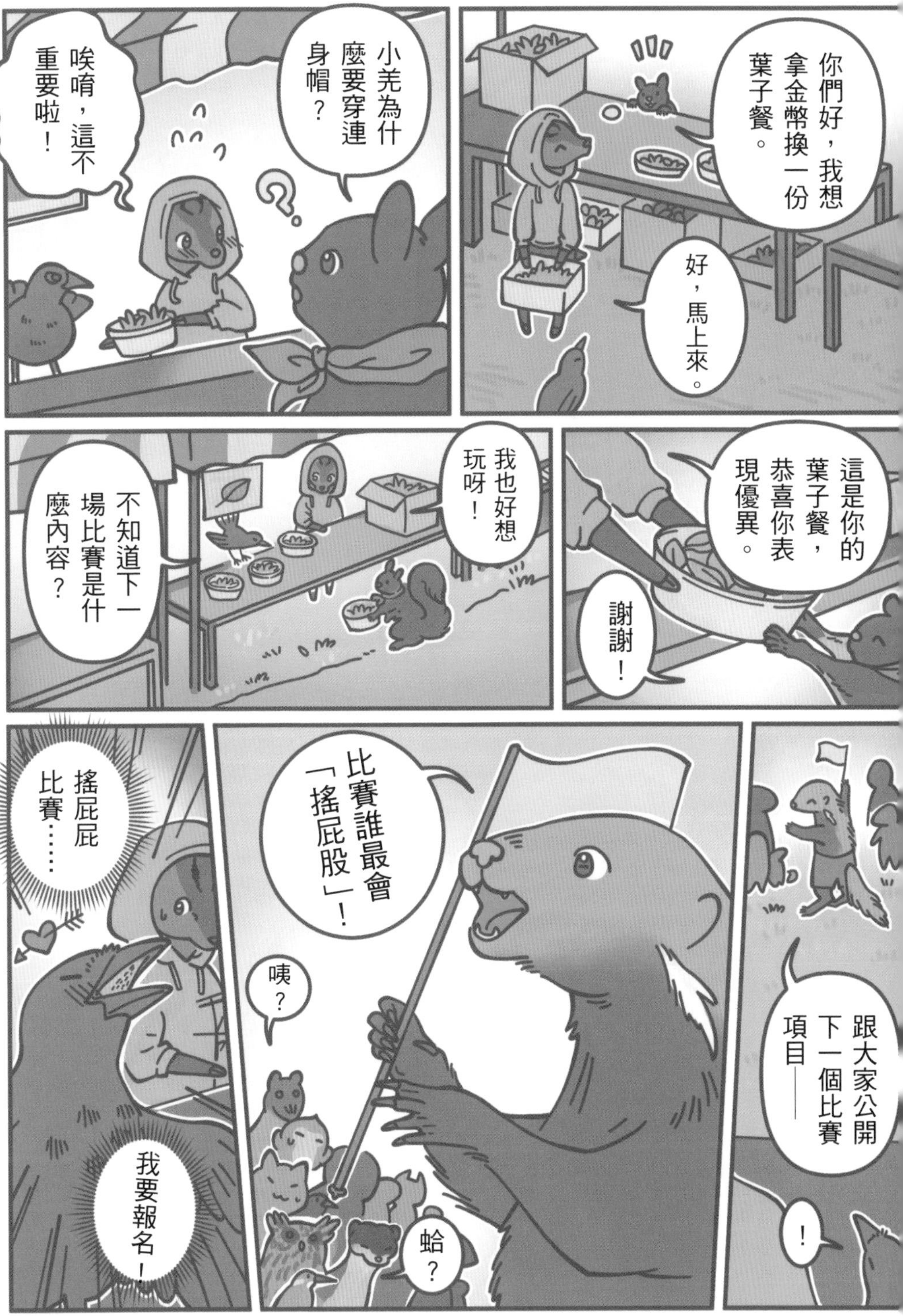
你們好，我想拿金幣換一份葉子餐。
好，馬上來。
小羌為什麼要穿連身帽？
唉唷，這不重要啦！
這是你的葉子餐，恭喜你表現優異。
謝謝！
我也好想玩呀！
不知道下一場比賽是什麼內容？
跟大家公開下一個比賽項目——
！
比賽誰最會「搖屁股」！
咦？
蛤？
搖屁屁比賽……
我要報名！

小紫想去玩嗎？我來換班了。
耶！幫大忙了！
請參賽者排成橫排，
評比標準是看誰最熟練、最吸引目光！
了解！
這很難給分，所以會看觀眾的反應喔！
這次比賽為什麼鳥類佔多數呢？
也許牠們特別擅長搖屁股？
參賽者準備好以後，就開始吧！
小虎芽使出渾身解數——
我這麼可愛，扭屁股一定會迷倒眾人吧！
欸？
這好像……沒有想像中的簡單。
小藍看起來很不習慣！
臺灣藍鵲
石虎

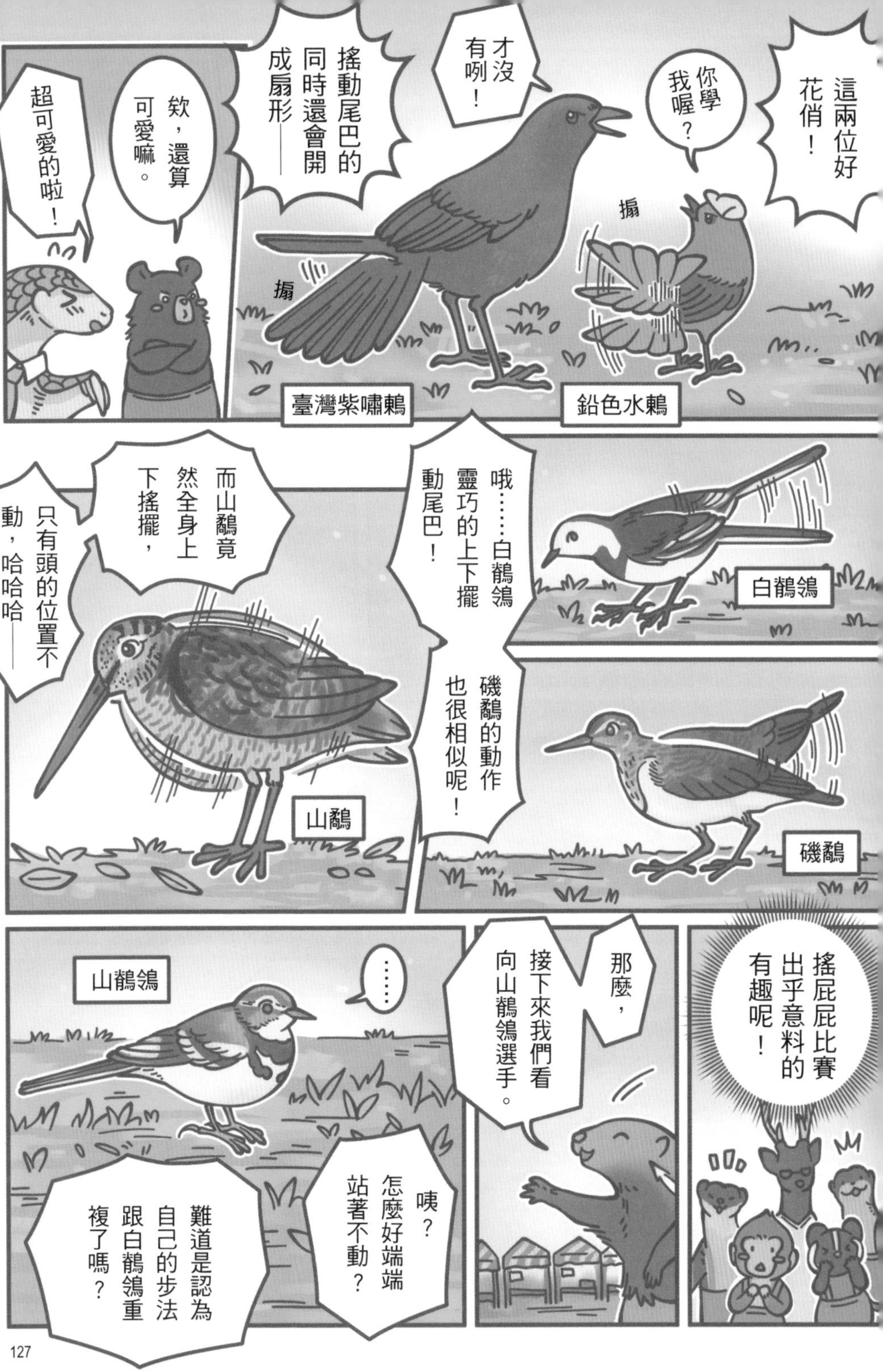
這兩位好花俏！
你學我喔？
才沒有咧！
搖動尾巴的同時還會開成扇形——
欸，還算可愛嘛。
超可愛的啦！
搧
搧
臺灣紫嘯鶇
鉛色水鶇
哦……白鶺鴒靈巧的上下擺動尾巴！
白鶺鴒
磯鷸的動作也很相似呢！
磯鷸
而山鷸竟然全身上下搖擺，
只有頭的位置不動，哈哈哈——
山鷸
搖屁屁比賽出乎意料的有趣呢！
那麼，接下來我們看向山鶺鴒選手。
……
山鶺鴒
咦？怎麼好端端站著不動？
難道是認為自己的步法跟白鶺鴒重複了嗎？

……
左扭
右搖
扭扭
捏捏
逆天可愛！
喜歡！
啊啊啊～
是左右搖耶！
一百分！
要流鼻血了啦！
我要投山鶺鴒一票！
這種搖屁屁太犯規啦……
各位等一下，我們還有一位選手。
攀蜥先生，輪到你發揮囉！
攀蜥先生？
斯文豪氏攀蜥

一震
一震
一震
仰望
?
哇～
羨慕！
……
那是伏地挺身，不是搖屁股喔！
不管啦！至少攤位要做出好成績。
歡迎來光顧我們攤位！
嗚嗚，人家居然沒拿到金幣……
拍拍
我們去逛攤位吧？
好呀～

黑長尾雉

Syrmaticus mikado

俗 帝雉

特 公鳥全身為藍黑色，有白色翼帶，臉部有紅色裸皮；母鳥全身為褐色，遍布黑色斑與白羽軸，臉上也有紅色裸皮。

食 啄食嫩芽、種籽、漿果、花、昆蟲、蚯蚓等。

棲 臺灣中高海拔 1800 至 3800 公尺的混合林和針葉林，偶爾出現在人造林。

習 個性謹慎害羞，現身在陰暗的晨昏時刻和雨霧天氣。單隻或小群活動。喜歡在斜坡覓食，入夜便飛上樹睡覺。

體

公鳥全長 78 公分（含尾長 50 公分）
公鳥體重 1.3 公斤
母鳥全長 47 公分（含尾長 20 公分）
公鳥體重 1 公斤

分

綱	鳥綱
目	雞形目
科	雉科

玉子的悄悄話

這些小細節，你注意到了嗎？

1

受限於體型，翠鳥抓的魚當然是比較小隻啊！

3

大冠鷲的叫聲是「揮揮揮、揮衣～」天氣好的時候容易在淺山環境聽見喔！

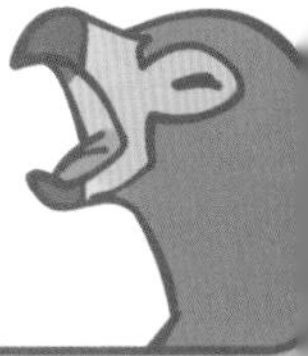

2

藍腹鷴的求偶舞很魔性，公鳥會繞著母鳥蹦跳、展示自己。這行為在外人眼中有點搞笑，不知道母鳥的想法如何？

4

黃喉貂會成群結隊獵食山羌，又稱為「羌仔虎」。

8 小學園的校慶（下）

來喔！來看喔！
我們攤位的跳蚤市場！
各式各樣的二手用品，
應有盡有！
有沒有人要買二手屋？
這兩間分別由五色鳥與螺先生捐贈！
老公，那邊有賣二手屋耶～
酷喔！園遊會竟然有賣房產！
山麻雀
加減看一下。
大小剛剛好呢！
真的嗎老婆！那我們要買嗎？
五色鳥二手屋
買。
成交

我喜歡這個，我用舊殼跟你們換好嗎？
哦，也不是不行啦！
嘻嘻
熙熙
攘攘
不錯嘛，有叫賣就會有客人。
青鳥
抱歉打擾大家逛園遊攤位，請聽我這裡——
第三場趣味競賽準備開始囉！
想玩捉迷藏的夥伴請過來。

既然大家都到齊了，
我就開始說明囉！
捉迷藏的範圍就是這片綠地，有樹也有草叢。
請大家盡情躲！
我從現在開始數到一百，
數完就去抓大家——
一…二…
哇，開始了！
躲起來！
九十九…
一百！
探
……
很安靜，有模有樣呢！

嗯？
鼬獾同學，你太沒戒心囉！
竟然吃到忘我！
……好吃
依照我的經驗推敲，
應該會有參賽者躲在草叢裡。
撥開！
啊！
東方草鴞
被發現了。
如我所料。
接下來去看——
颯颯
？
很接近地面的聲音，
是老鼠嗎？

嗨
跳出
臺灣噪眉
嗨
跳出
黃胸藪眉
太親切了！你們身為野生動物的本能呢？
對了，灌叢是個不錯的藏身處，
找找看有沒有別人吧！
小彎嘴
啊，找到你了！
這樣也行？
敗者區
目前找到五位……只剩三位了。
這三位會躲在什麼地方呢？

如果是獺獺的話，應該會躲在水邊的……
坑洞！
……我被老師發現了。
嘿嘿
獺獺躲得很好，真優秀。
真的嗎！？
真的！要不是我很了解你——
喔！
可能會找不到你呢！
老師好了解我喔！
至於猴吉藏身處就不好說了。
羊羊老師請把握時間，
只剩最後五分鐘了喔！
躲到最後的參賽者將獲得金幣！
我得加緊腳步了——

總之先看看樹梢吧！
意外發現熊熊老師！
可惡，我以為你會在地面找我。
最後三分鐘
最後一分鐘
最後十秒鐘
哇哈哈
低調躲好的是最後贏家！
真是敗給你了。

唯一一場裁判跟參賽者鬥智的比賽，
羊羊竟然輸了。
別嘲笑我啦——
沒關係，下一場比賽由我主持，
大家可以放心！
喂。
下一場趣味比賽是什麼？
我可以參加嗎？
下一場項目是「不挑食比賽」！
要什麼都吃嗎？
這個比賽大概不適合我……
請有興趣的參賽者過來集合，
用這片木板充當餐桌吧！
好重喔！

請參賽者就坐。
有請獴獴老師上菜！
第一道為大家奉上蝸牛。
喔，這個我可以！
我敲！
小紫好聰明喔！
我本來就滿喜歡蝸牛。
嘿嘿
要吃這個也不是不行……
這個……
太大了，
我不知道怎麼吃。

翠鳥出局。
嗚
第二道菜是果實！
雖然我是吃肉為主，但偶爾也會吃這種的呢！
小菜一碟啦！
好吃。
……這真的能給我吃嗎？
……
老師，我要吃蛋白質。
出局。
哈哈，那根本就是雜食動物的盛會嘛——
就是說呀！
金幣就交給我們班的王牌啦！

第三道菜是嫩葉。
黑熊老師，這個好素喔！
出局。
第四道
第五道
……
嚼嚼
嚼嚼
這兩位同學根本來者不拒吧！
黑熊老師，我再給下去恐怕會演變成大胃王比賽。
嗯。
好了，食蛇龜與野豬同學，我宣布你們雙雙奪冠！

恭喜你們，
竟然獲得雙金！
耶~
哎，算你們厲害！
我一直以為我是最不挑食的，但你也很厲害嘛！
哈，好說好說。
我們下次一起排個吃貨行程出去玩。
哇，我搶不贏你啦！
哈囉，請給我一份嫩葉餐。
好的！
黑長尾雉主任，你玩得還開心嗎？
超開心呀！感覺自己變年輕了！
欸，你本來就很年輕。
我認為這次的趣味競賽設計得不錯，
每一項都能凸顯小朋友的長處跟特質。
十分有趣！

我也這麼認為，
大家在搖屁屁比賽展現了特別的動作，
在躲貓貓比賽展現各自的習性，
不挑食比賽也凸顯大家的食性。
今年校慶辦得真精彩——
小學園的校慶讓孩子們大顯身手、展現自己——
趁最後多享受吧！
主任，你的嫩芽餐。
謝謝
經過今天，孩子們想必會更加認識自己，也更有自信吧！

食蛇龜

Cuora flavomarginata

俗　黃緣閉殼龜、盒龜、箱龜

特　眼後有一道鮮黃色條紋，背甲隆起且中央有一道黃色脊稜。受驚嚇時會將頭尾及四肢縮入殼內，並以腹甲閉合。

食　雜食性，果實、蝸牛、昆蟲、蚯蚓、菇類皆是美食。

棲　臺灣中低海拔林相完整的森林，以及周邊淺山環境。

習　臺灣唯一的陸棲性淡水龜，平時多在森林環境中活動，與其他的臺灣淡水龜很不一樣。

體　中型龜類
背甲長達 19 公分

分

綱	爬蟲綱
目	龜鱉目
科	地龜科

玉子的悄悄話

這些小細節，你注意到了嗎？

❶

山麻雀不會自己挖樹洞，
因此有時會採用五色鳥的
二手屋。

❹

草鴞很特別，會在地面、
草叢躲藏與築巢繁殖。

❷

寄居蟹使用螺類的殼當家。寄居蟹會長大，
但殼不會，因此必須定時換殼才行。

❸

小彎嘴、黃胸藪眉、臺灣
噪眉都是喜歡在灌叢活動
的鳥類。（但你應該不會
同時看到牠們）

❺

別看臺灣黑熊這麼大隻，
牠們可是爬樹高手！

9 老師們的茶會

各位好呀，我是臺灣野兔，
人稱最溫柔可愛的輔導主任。
這裡是動物小學園，
讓孩子們學習成為優秀的野生動物的地方。
學期即將結束了，
我一定會很想念可愛的孩子們的。
咦？那個是……

看起來在喝茶聊天呢。
野兔主任，一起來呀——
來囉！
這幾位是小學園的師長們：
溫文儒雅的羊羊老師。
歡迎，
我旁邊有座位唷！
認真的獴獴老師。
吃餅乾！
活潑可愛的穿穿校長。
好勝的熊熊老師。
以及冷靜沉著的水鹿老師。

各位老師在聊什麼呢？
正在聊這學期的大小事。
要不要吃點東西？
這裡有兔兒菜沙拉喔！
哇！是我最喜歡的，謝啦！
獴獴老師請繼續說，
你說上課的時候遇到什麼狀況？
這個嘛……
我們班的孩子們生理構造很不同，
因此不容易用同一套規矩上課。

好比說，
我們班水鼬同學視力相對比其他同學差，
所以我在講解圖片的時候要特別留意，
得多加一些口頭描述才行。
真的呢，要是水鼬同學沒看清楚，
大概也聽不懂。
嗯嗯，
畢竟大家是不一樣的物種，
各種差異是很明顯的。
但這不代表牠不好，
因為下水之後，牠光靠觸覺跟嗅覺就是抓蟲能手了。
那當然，
帶班總是需要花一些心思。

可愛的小明星怎麼了嗎？
這讓我想起小虎芽來上課第一個月發生的事。
當時牠還是弱不禁風的小毛頭，
需要我為牠把屎把尿的。
熊熊能辦得到這種細膩的事嗎？
我的爪子可以做很細膩輕柔的動作啦！
那時候牠還不懂得自己上廁所，
我吃完了。
一般來說石虎媽媽會刺激寶寶的屁屁，
寶寶才會有便意。
所以在牠還小的時候，我得用衛生紙幫助牠順利便便。

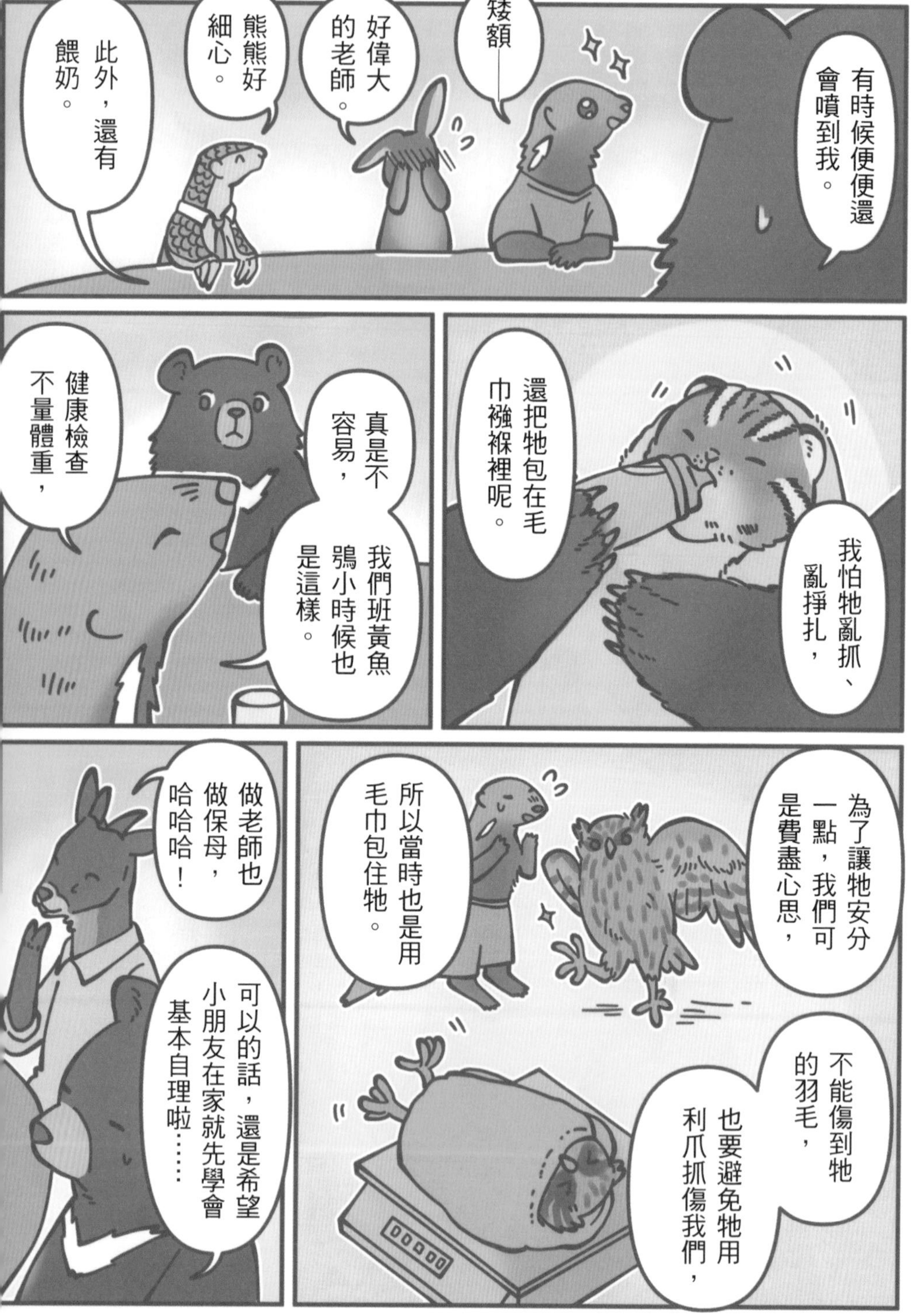
有時候便便還會噴到我。
矮額——
好偉大的老師。
熊熊好細心。
此外，還有餵奶。
還把牠包在毛巾襁褓裡呢。
我怕牠亂抓、亂掙扎，
真是不容易，
我們班黃魚鴞小時候也是這樣。
健康檢查不量體重，
為了讓牠安分一點，我們可是費盡心思，
所以當時也是用毛巾包住牠。
不能傷到牠的羽毛，
也要避免牠用利爪抓傷我們，
做老師也做保母，哈哈哈！
可以的話，還是希望小朋友在家就先學會基本自理啦……

聽說有一次鼻鼻受傷，熊熊也很照顧牠呢。
真的嗎？真是熊不可貌相。
照顧同學們的身心健康是自我要求！
那次鼻鼻不小心踩到繩索，
弄到纏成一團，
腳上還有點受傷，
好在沒有大礙。
繩索聽起來好危險！
弄不好的話，後果不堪設想……
養傷期間，想讓牠專心復原、吃飽睡好，
為了照顧牠，我還特地去翻書，
研究牠喜歡吃什麼。
Z
Z

但飯來張口，久了會養成牠越發懶惰吧？
後來熊熊怎麼引導牠？
牠那段時間的確變得懶洋洋又胖嘟嘟的。
人家好不容易康復，又被你嚇壞了。
這是必要的特訓！
我告訴牠：「以後不會有這麼好的事，」
「長大還是靠自己最實在！」
然後在操場上追著牠跑了三圈。
靠自己才是野生動物的生存之道！
出外打拚一定要知道危險，
也要保持足夠的體能逃跑！
的確，我很同意。

羊羊呢？
來到小學園以後，
遇過什麼印象深刻的事嗎？
就職以來，我大多時間都很開心，
班上的孩子們樂意展現自己。
牠們的率真讓我可以好好認識牠們，做牠們的老師。
聽起來你們班很幸福欸。不過，展現自己是什麼意思？
這個嘛，像是猴吉生氣會跳上日光燈，
又或是小山興奮就衝撞置物櫃。
欸～
咦？！
被羊羊形容得太美好了。
哈
請放心，如果教室壞了，
我會跟牠們一起修補。
雖然很花時間，
但我可以趁機跟牠們聊聊天。

猴吉曾經很讓你傷腦筋吧？
牠以前很少為別人著想……
咦，老師～
校長！
你們在這裡做什麼？
我們在喝青草茶哦！
要不要一起呀？
矮額，是煮菜水的味道。
煮、煮菜水……
我覺得還滿香的。
有新鮮嫩葉的味道！
請問我可以吃一口橡實嗎？
老師們在這裡喝茶聊天？
果然是大人做的事！
應該沒有偷說我們的壞話吧？
呵……
欸！
不是吧！

所以你們剛才去哪兒啦？
我們剛玩完捉迷藏。
剛剛白鼻心好厲害，大家都找不到牠。
老師，我躲到最後一刻都沒被發現喔！
之前那個懶洋洋肥嘟嘟的小朋友居然……
鼻鼻進步很多喔！我就知道你可以！
老師以你為傲。
嘻嘻

小香，你的耳朵沾到樹葉了，
我幫你整理一下。
謝啦！
這裡是動物小學園，
讓孩子們學習成為優秀的野生動物的地方。
這裡有認真溫柔的老師，
胸懷抱負的主任與校長，
堅守崗位的警衛北北，
以及——

持續成長的小動物們。
我們直視每一位孩子的不同，
保護牠們的獨特性。
小動物終將依循著差異，
在這個世界找到落腳之處……

來吧，
走進深林、
淺山，

水塘，
拜訪野溪、
懷抱農田、
不畏夜色。

在這裡，
你們不必成為別人，

自在的扮演自己，
就是最珍貴的角色。

臺灣野兔

Lepus sinensis formosus

俗 台灣野兔、山兔仔

特 黃褐與黑色的毛髮，具有發達的兔兔門齒。

食 標準的草食性生物，取食嫩葉、嫩芽、嫩草。

棲 出沒於中低海拔的草地、灌叢、開墾地，活動範圍有時會跟人類重疊。

習 夜行性，晨昏時間是活動高峰。個性非常害羞，遇到危險會快步跳躍逃離。不會挖洞，平時躲藏在草木叢中，並且只會找隱密的草堆生小寶寶。

體

體長 30～40 公分
尾長不足 6 公分
體重 0.5～2 公斤

分

綱	哺乳綱
目	兔形目
科	兔科

玉子的悄悄話

這些小細節，你注意到了嗎？

❶ 野生動物的照顧、養育工作是一門學問，需要了解動物的生理、習性需求，因此救傷工作要交給專業。

❷ 照顧野生動物的同時，時常要避免動物傷到自己或照顧者，因此每種生物都有特定「保護固定」的方法。

❸ 順利復原以後，要讓野生動物長出健壯肌肉，並培養求生的警覺性，這就是野放前必須做的訓練。

❹ 猴吉變成熟了！竟然懂得照顧別人，為人理毛！

作者後記

非常感謝您讀到這裡，小學園系列將在此告一段落。繪製這本書並不容易，我在創作的同時不停跟自己對話，思考怎麼樣的作品才能真正讓讀者愛上野生動物、看見牠們正在面臨的困境，從而付諸行動呢？以學園作為框架的擬人創作能否如實傳遞現況，達到我所期望的目標呢？

有時獨立創作是孤單的，過程總有許多自己解不開的結、過不了的坎，自我懷疑付出努力「有沒有用」。不過，我某次從臺中市立圖書館查資料時，好奇搜尋了自己的書，發現出借率比我所想的高，這些困擾就被讀者您們消除了大半，是您們接住了迷惘的我，真的非常感謝。

雖然系列結束了，可愛的角色們不大可能再有後續的故事，但就如本書的結尾，我認為野生動物們最大的魅力就在真實的荒野中，牠們不必成為誰，只要活在當下、好好做自己就足夠了。因此我邀請您踏足野生動物的荒野，從牠們的視角看大千世界，人類與野生動物交織著多重的互動關係，有時共存共榮、有時傷及彼此。牠們真實的故事尚未結束，讓我們共同關注下去。

臺灣野山羊

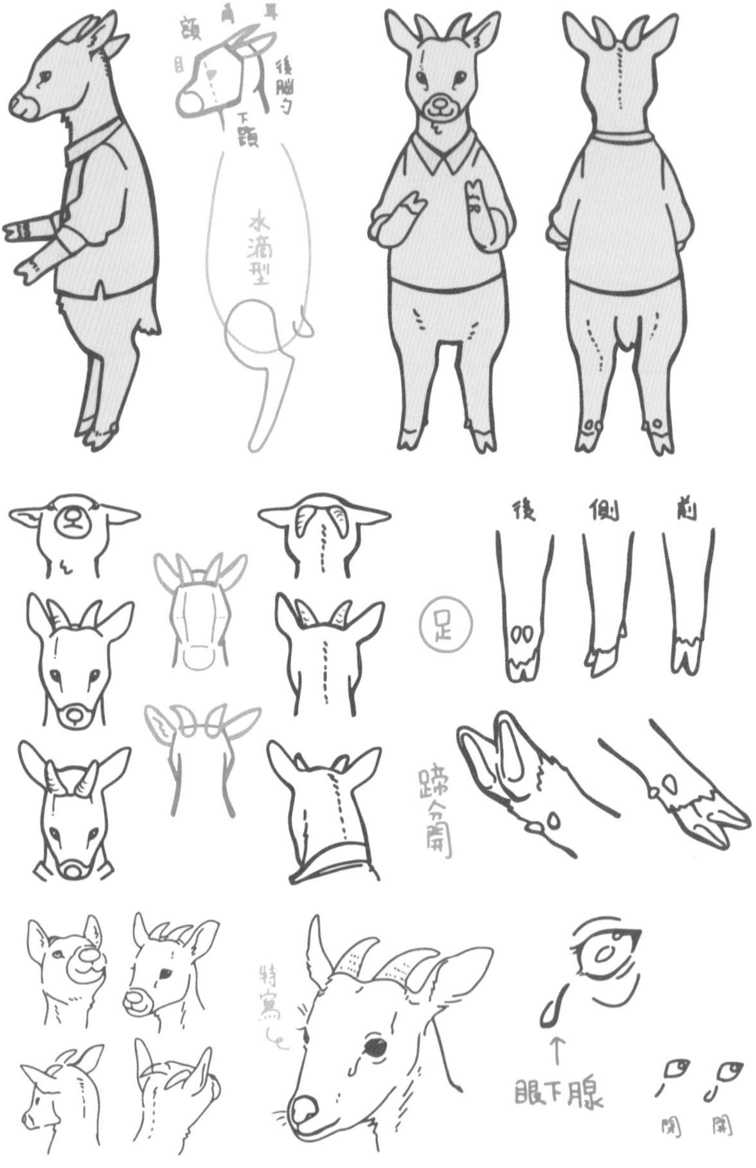

麝香貓

臺灣獼猴

臺灣山羌

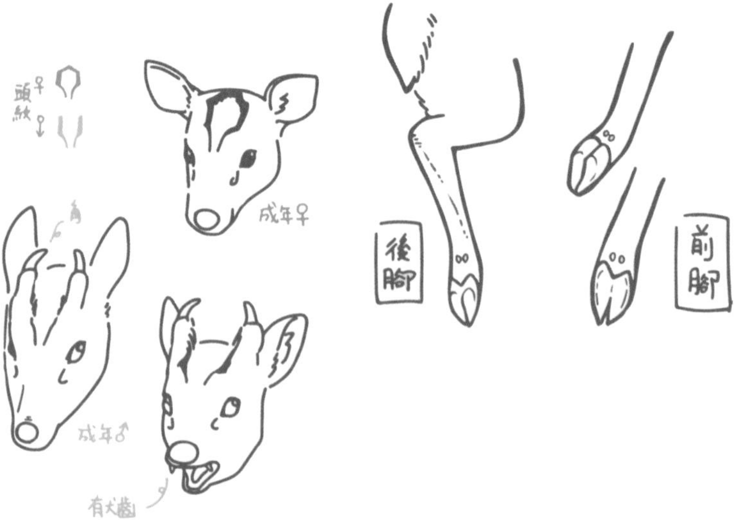

臺灣野豬

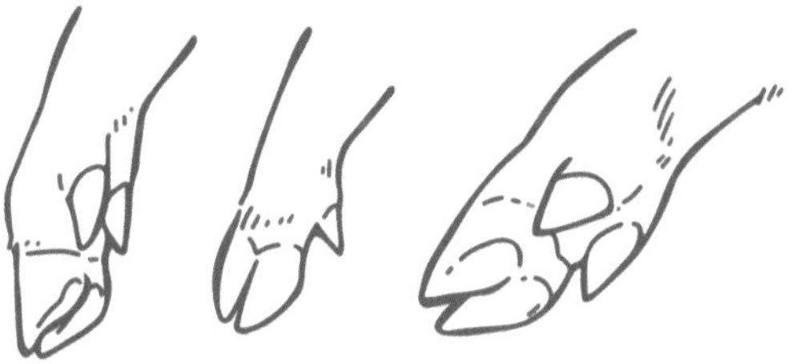

鉛色水鶇

臺灣藍鵲

臺灣紫嘯鶇

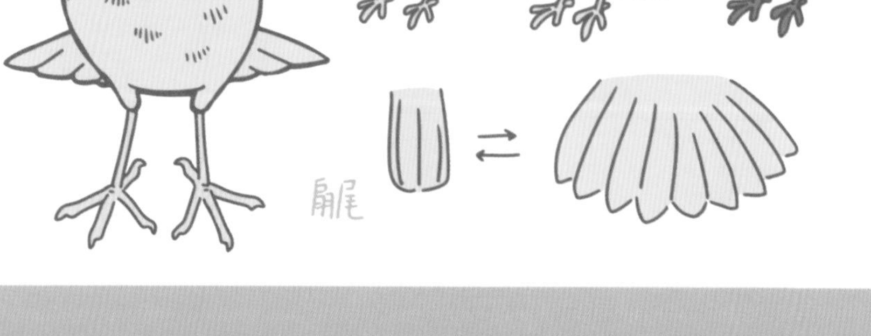

歐亞水獺

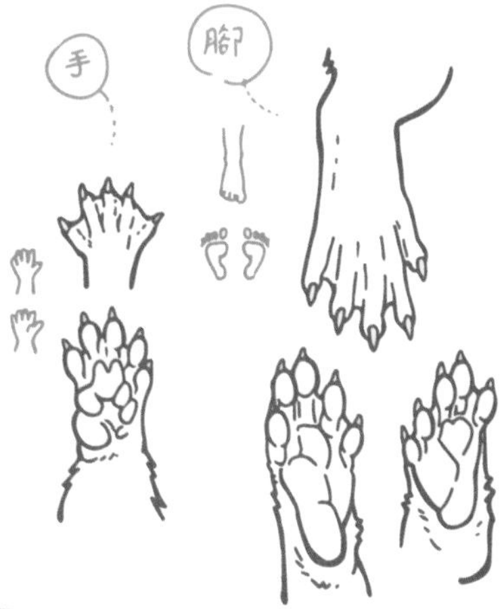

黑長尾雉

黄魚鴞

脚底
有小刺

頭扁

翠鳥

脚跟短

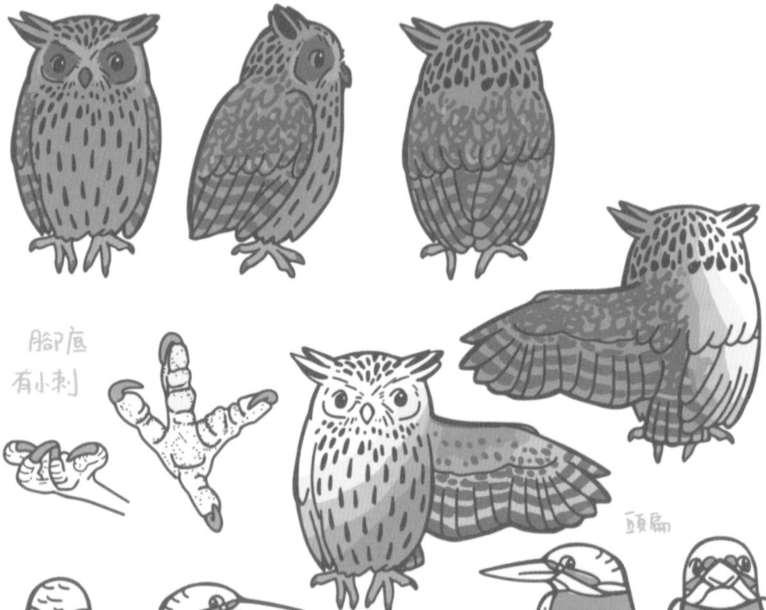

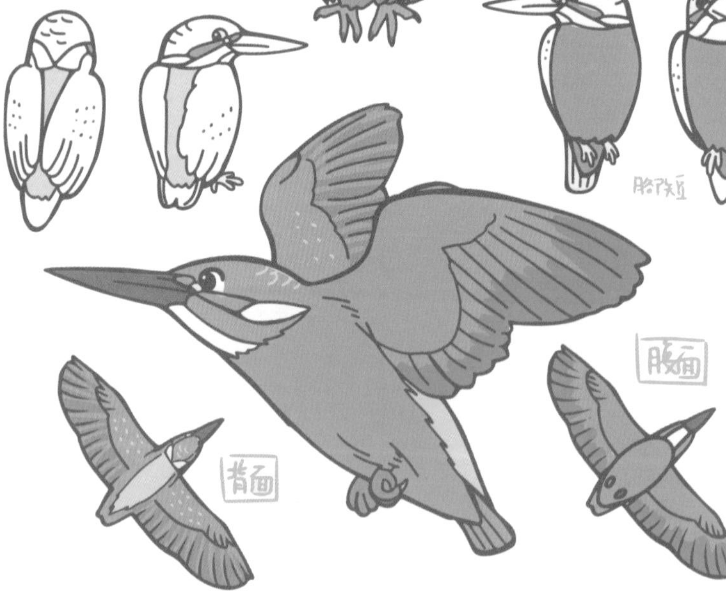

食蟹獴

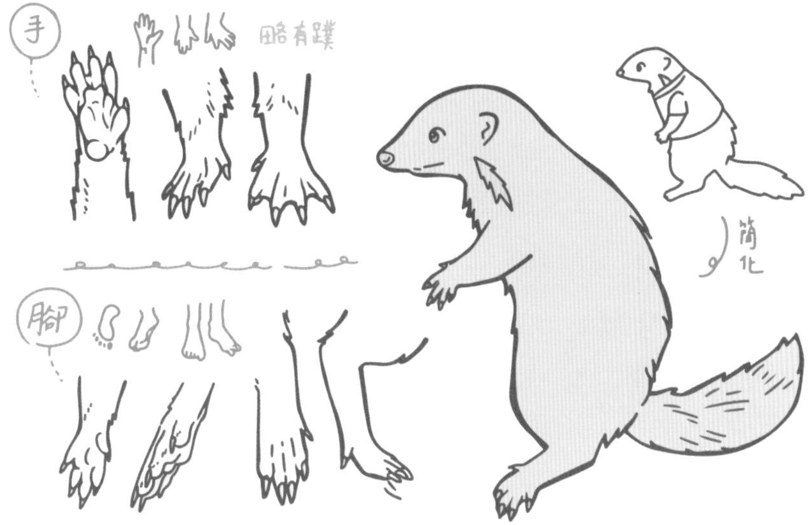

水鼩

石虎

領角鴞

臺灣黑熊

大赤鼯鼠

食蛇龜

鼬獾

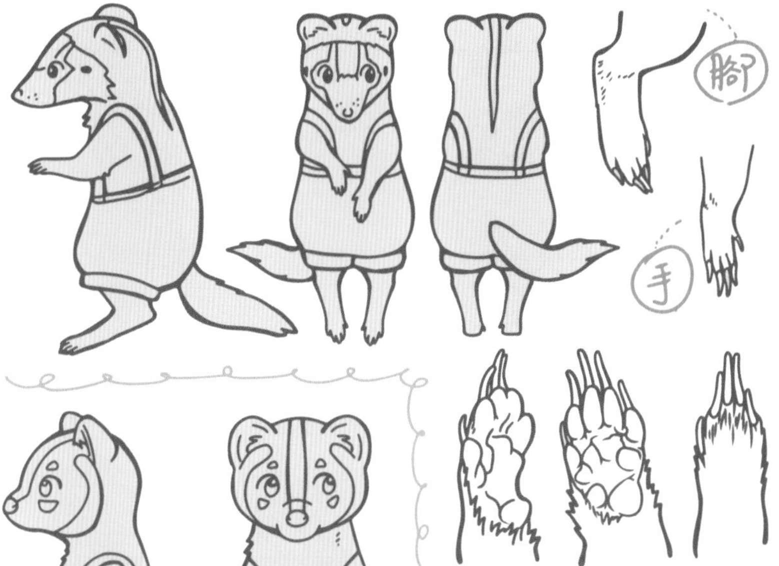

白鼻心

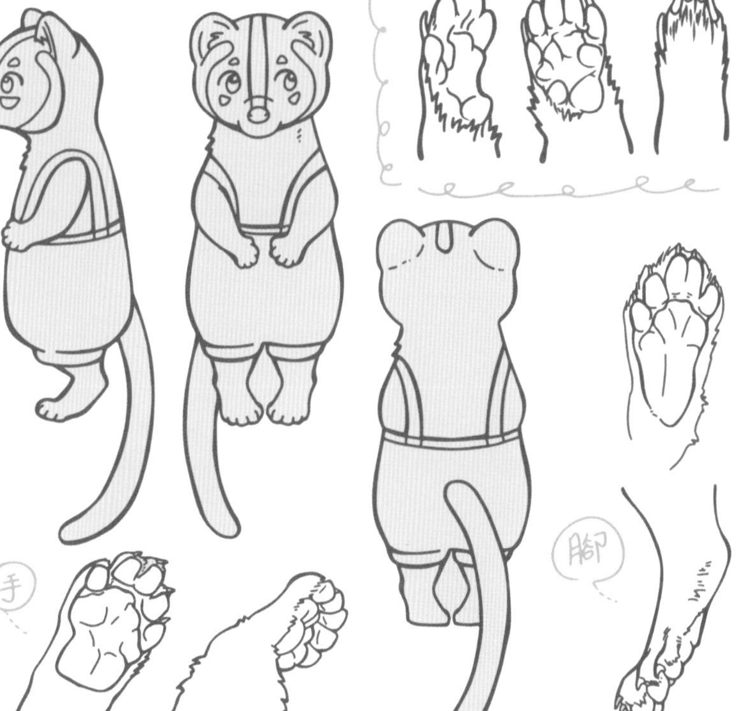

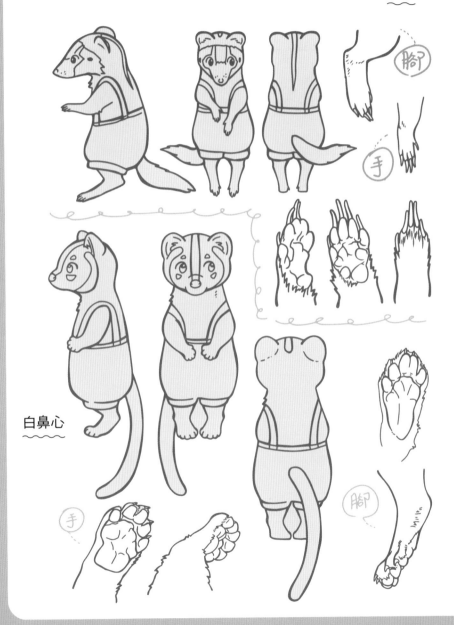

中華穿山甲

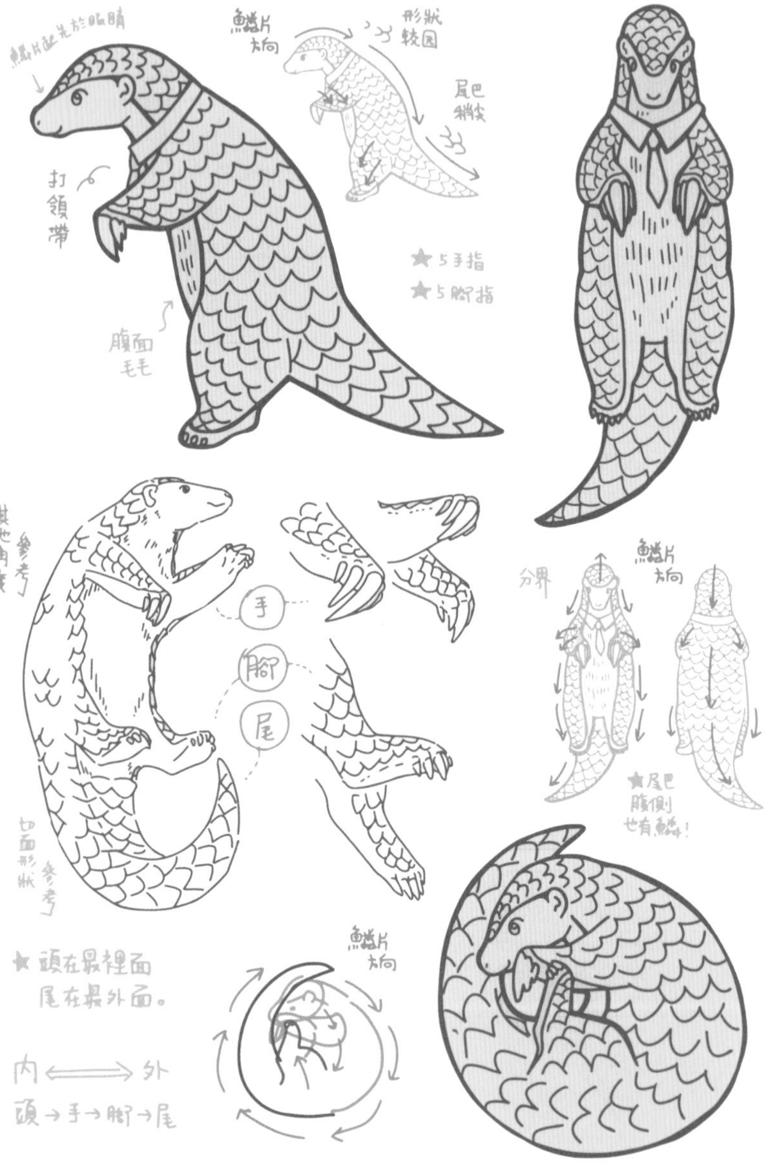
打領帶
鱗片方向
形狀較圓
尾巴稍尖
★5手指
★5腳指
腹面毛毛
其他角度參考
切面形狀參考
手
腳
尾
分界
鱗片方向
★尾巴腹側也有鱗!
★頭在最裡面
尾在最外面。
內⟺外
頭→手→腳→尾
鱗片方向

噢！原來如此 有趣的臺灣動物小學園 2. 校慶啦

作　　者　玉子
責任編輯　王斯韻
美術設計　王韻鈴
內頁排版　王韻鈴
行銷企劃　呂玠蓉

發行人　　何飛鵬
總經理　　李淑霞
社　長　　張淑貞
總編輯　　許貝羚
副總編　　王斯韻

出 版　城邦文化事業股份有限公司 麥浩斯出版
地 址　104 台北市民生東路二段 141 號 8 樓
電 話　02-2500-7578
發 行　英屬蓋曼群島商家庭傳媒股份有限公司城邦分公司
地 址　104 台北市民生東路二段 141 號 2 樓
讀者服務電話　0800-020-299（9：30 AM ～ 12：00 PM；01：30 PM ～ 05：00 PM）
讀者服務傳真　02-2517-0999
讀者服務信箱　E-mail：csc@cite.com.tw
劃撥帳號　19833516

戶 名　英屬蓋曼群島商家庭傳媒股份有限公司城邦分公司
香港發行　城邦〈香港〉出版集團有限公司
地 址　香港灣仔駱克道 193 號東超商業中心 1 樓
電 話　852-2508-6231
傳 真　852-2578-9337

馬新發行　城邦〈馬新〉出版集團 Cite(M) Sdn. Bhd.(458372U)
地 址　41, Jalan Radin Anum, Bandar Baru Sri Petaling, 57000 Kuala Lumpur, Malaysia
電 話　603-90578822
傳 真　603-90576622

製版印刷　凱林印刷事業股份有限公司
總經銷　聯合發行股份有限公司
地 址　新北市新店區寶橋路 235 巷 6 弄 6 號 2 樓
電 話　02-2917-8022
傳 真　02-2915-6275
版 次　初版一刷　2024 年 02 月
定 價　新台幣 450 元　港幣 150 元

Printed in Taiwan

國家圖書館出版品預行編目 (CIP) 資料

噢！原來如此 有趣的臺灣動物小學園 . 2, 校慶啦 / 玉子著 .
-- 初版 . -- 臺北市 : 城邦文化事業股份有限公司麥浩斯出版
: 英屬蓋曼群島商家庭傳媒股份有限公司城邦分公司發行 ,
2024.02
面 ;　公分
ISBN 978-626-7401-18-7(平裝)

1. 動物 2. 漫畫 3. 臺灣

385.33　　113000262

是非題

（〇）❶ 紅冠水雞是不是一種雞？

X No！牠是秧雞科的！

是非題

（X）❷山麻雀會自己挖樹洞。

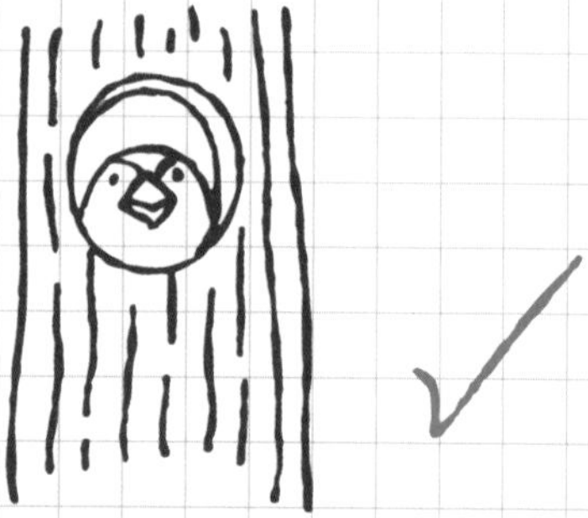

填空題

① 鞭蠍和蜘蛛都屬於蛛形綱，牠們都有（8）隻腳。

填空題

② 在地面草叢築巢的臺灣貓頭鷹是（草鴞）。

填空題

③黃喉貂會成群結隊獵食山羌，又稱為（羌老虎）。

X 羌仔虎

填空題

④食蛇龜能把全身收進龜甲中，又被稱為（龜在家）。

X 箱龜，或閉殼龜